SDGsに向けた
生物生産学入門

三本木至宏　監修

共立出版

監修者

三本木　至宏：広島大学大学院統合生命科学研究科・生物生産学部

編集委員

上田　晃弘，杉野　利久，鈴木　卓弥，冨山　毅，船戸　耕一：広島大学大学院統合生命科学研究科・生物生産学部

執筆者

浅岡　聡，池田　敦子，生谷　尚士，磯部　直樹，上田　晃弘，上野　聡，海野徹也，梅原　崇，大村　尚，沖中　泰，小櫃　剛人，加藤　亜記，川井　清司，川合　智子，河上　眞一，菊田　真由実，国吉　久人，黒川　勇三，小池　一彦，近藤　裕介，斉藤　英俊，坂井　陽一，三本木　至宏，島田　昌之，島本　整，秦　東，末川　麻里奈，杉野　利久，鈴木　卓弥，妹尾　あいら，田中　若奈，長命　洋佑，冨永　淳，冨永　るみ，冨山　毅，中江　進，長岡　俊徳，長沼毅，中村　隼明，新居　隆浩，西堀　正英，羽倉　義雄，橋本　俊也，平山　真，藤井　創太郎，藤川　愉吉，船戸　耕一，豊後　貴嗣，細野　賢治，堀内　浩幸，松崎　芽衣，矢中　規之，山本　祥也，吉田　将之，若林　香織

本書のねらいと構成

　本書は大学新入生や中高生，一般の方を対象とした生物生産学への理解を深めるための入門テキストである。生物生産学とは，環境と調和した持続可能な食料生産や生物資源の有効利用を目指すために，関係する生物や環境について研究する農学領域の一学問分野である。地球上の生物生産は微生物や植物，動物の活動によって支えられているが，これらの生物を取り巻く気候変動も生物生産に影響を与える。ゆえに生物生産学は，微生物や植物，動物といった生物資源やこれらの資源の食品としての利用や加工，流通のみならず，生物生産の場である海洋や河川のような水圏環境，農耕地や森林，草地のような陸圏環境までを包含する幅広い分野である。

　第1章では生物生産学を学ぶために必要となる生命の仕組みについて解説している。第2章では土壌を舞台とした陸圏での植物や動物のからだの仕組みや生産，資源，環境応答について，第3章では，海洋を舞台とした水圏での藻類や魚介類のからだの仕組みや生産，資源，環境応答について解説している。第4章では食品がもつ機能やその利用と加工，流通について解説している。

　本書の特徴は各章のトピックをできるだけ平易な表現を用いながらキーワードを設定し，3～5ページにまとめ上げることで読みやすい構成に仕上げた点である。興味があるトピックから学習することも可能な構成になっている。2015年9月の国連総会において，持続的な開発のための17の世界的目標（Sustainable Development Goals, SDGs）が定められた。2030年までに達成すべきSDGsには，「2. 飢餓をゼロに」や「3. すべての人に健康と福祉を」，「9. 産業と技術革新の基盤をつくろう」，「13. 気候変動に具体的な対策を」，「14. 海の豊かさを守ろう」，「15. 陸の豊かさも守ろう」など，生物生産学が目指すゴールが多く含まれている。そこで本書のもう1つの特徴として，各章のトピックとSDGsとの関わりを明確にするために，トピックタイトルの横にSDGsアイコンを挿入した。また，SDGsの各目標に関係するトピックのみを抽出して学習できるように，巻末にSDGs索引を作成した。SDGsの達成に貢献できる生物生産学を理解する一助になれば幸いである。

編集委員一同

はじめに

■広島大学生物生産学部との出会い

　筆者は，農学研究にあこがれて大学に入り，応用微生物学を専門とする研究室で卒論を書いた。そして同じ研究室で大学院の修士・博士課程を過ごした。

　広島大学生物生産学部をよく知るようになったのは，博士課程のころ。修士で就職した同じ研究室の同級生から，「広島大学の生物生産学部はうちらの農学部のような学部で会社の先輩がそこを卒業している，その先輩は生物のことを幅広くよく知っている，自分たちは微生物のことしか知らないからまずい」というようなことを聞いた。自分の周りの狭い範囲のことしか知らなかった当時の筆者は，外には手ごわい人たちが群雄割拠しているものだと鮮明に感じた記憶がある。筆者は，その何年かあとに，生物生産学部教員の仲間入りをするご縁をいただき，現在に至っている。

■本書の執筆者

　本書は，オール広島大学生物生産学部の執筆によるものである。学部のほとんどの現役教員の教育研究内容について，その基礎部分がそれぞれの教員の視点から語られている。今，こうして本書の「はじめに」を書くために本編原稿を読んでいると（面白いので時の経つのを忘れてしまい，「はじめに」の脱稿が締切ギリギリになりつつあるが），約30年前に同級生から聞いて感じたことが生物生産学部での教育研究によるもので，今でもその伝統が連綿と続いていると改めて実感している。

　生物生産学部はこれまでに，本書と同様の趣旨の書籍，
・『生物生産学のプロローグ』（1993年3月）
・『海と大地の恵みのサイエンス』（2001年3月）
・『生命・食・環境のサイエンス』（2011年11月）
を世に送り出している。本書は，その第4弾になる。これら4作品の出版間隔がほぼ10年となっているのには理由がある。執筆者の世代交代と研究の新展開があるからである。

　具体的には，2011年出版の第3弾作品の執筆者の約1/3がすでに退職したか，あるいは退職が近く，その代わりに第3弾作品を執筆していない新しい仲間が加わった。教員の多様化が進み，特に若手や女性，外国籍の教員が増えつつある。そして昔からいる教員の研究も発展し，その成果をいち早く書籍に反映させたいという要望があった。本書は，こうした新しい視点を持つ執筆者による作品である。

■本書の内容と活用法

　生物生産学部は，1970年代ごろまでは水畜産学部という名称であった。その由来は，広島大学の立地にある。瀬戸内海と中国山脈，それぞれからの水産・畜産資源などの恵みが背景である。いずれも「食」につながる。食を主要テーマとする「農」，そして食と農を育む「環境」が，本書を含む4部作の根底にあるコンセプトである。

　本書の内容については，目次をご覧いただきたい。食資源としての生物の基本事項から始まり，陸域・水域環境にある生物資源の豊かさ，食品の機能やその加工，そして流通まで幅広い内容がカバーされている。「農学は総合科学である」といわれるゆえんである。

　本書の活用法としては，以下の3点が考えられる。

・生物生産学部に入学した1年生を対象とした基礎的な授業科目『生物生産学入門』の指定教科書として活用される。この科目は必修である。2年生後期までに自分の学びたい専門分野を選ぶきっかけになる。

・広島大学の学部生が履修する教養教育科目の参考書として活用される。学部が違っても，文科系・理科系を隔てず，広島大学での様々な教育の内容について記憶にとどめておくと，社会に出てから出会いの幅が広がるはずである。

・一般向け公開講座のテキストとして活用される場合も想定している。そして農学を志す中高生が，分野の概要を知る際にも活用できる。少しむずかしい箇所があるかもしれないが，調べながら読み進めることで実力がつく。

■我々を取り巻く状況への対応

　前作から本書の出版まで10年が経っている。この間に日本は，東日本大震災（2011年），平成30年7月豪雨（2017年）と甚大な自然災害に見舞われた。

世界では 2019 年に新型コロナウイルス感染が発生している。これも自然災害といえるだろう。これまでの日常はもはや普通の状態ではなく，これからは次に何が起こるのか予測がつきにくいなかで，生活を営んでいかなければならない。

　将来が予測困難な状況にあって，広島大学は新しい平和科学の理念を掲げ，「持続可能な発展を導く科学」の創生を目指している。「持続可能な発展」とは，将来のことも考えたうえでものごとに取り組む，ということであろうか。そのためには，地道な改善と並行して大胆な発想の転換が必要になってくる。生物生産学部は，農学の視点から広島大学が目指す姿を実現しようとしている。特に，持続可能な食料の生産と生物資源の活用に向けて，食・農・環境の分野で広い視野をもって社会に貢献できる人材を育成することを目的としている。

　こうした広島大学および生物生産学部の取り組みは，全人類の共通目標である SDGs に合致している。本書が SDGs を理解するきっかけになり，若い読者がその達成に貢献できるようになることを願っている。

2021 年 10 月

広島大学生物生産学部長

三本木至宏

目　　次

1

分子・細胞・個体レベルで読み解く
生命の仕組み

1.1 生物の基本単位 ―細胞とは

■はじめに

　すべての生物は細胞からできており，生命の最小単位が細胞である。細胞の大きさは様々で，大腸菌のように数 μm くらいの場合や，ニワトリの卵のように数 cm になるものもある。また，細胞の形や構造，はたらきも多種多様である。このような多様性とは別に，細胞は進化の過程を通じて保持されてきた共通の基本的特徴を有している。ここでは，生物としての最小限の単位である細胞の基本的特徴，構造，細胞内小器官のはたらきについて説明する。

■細胞がもつ基本的特徴

　すべての細胞が共通にもつ基本的特徴として，以下の 4 つが挙げられる。第 1 の特徴は，細胞は脂質からなる細胞膜に覆われており，外界と隔てられた内部をもつことである。第 2 は，DNA によって自分と同じ特徴をもった子孫を増やすことであり，第 3 は，環境からの刺激に応答するしくみを有していることである。最後の特徴は，外界から取り入れた物質を分解してエネルギーを作り，物質を作り変えて体系を維持している点である。これらの基本的特徴をすべてもつものが細胞であり，すなわち，生物であるといえる。

■真核細胞と原核細胞

　細胞はその構造の違いから真核細胞と原核細胞の 2 つに大別される。真核細胞は遺伝情報をもつ DNA が核膜と呼ばれる特殊な構造体に囲まれている細胞であり，そのような細胞からなる生物を真核生物という。真核細胞の細胞内には，核以外に，ミトコンドリアやゴルジ体などの細胞内小器官（オルガネラ）が存在する（図 1.1.1）。菌類や原生動物のような 1 つの細胞からなる個体を単細胞生物といい，複数の細胞で構成されている生物を多細胞生物という。私たち人間を含む高等動物や植物に属する生物はすべて多細胞生物である。一方，明確な核がなく DNA が核膜に囲まれていない細胞を原核細胞と呼び，原核細胞からなる生物を原核生物という。一般に，原核細胞は真核細胞より小さく，

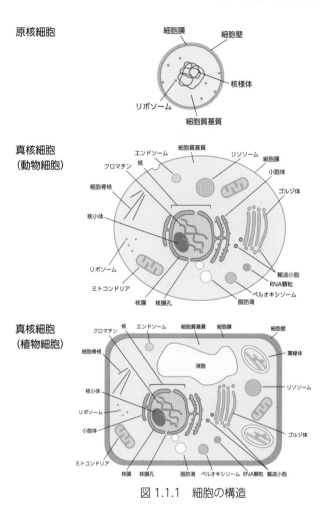

図 1.1.1　細胞の構造

内部の構造も単純である。原核生物はすべて単細胞生物である。

▨細胞の構造

　原核細胞も真核細胞も細胞の表面は細胞膜で覆われている（図1.1.1）。原核細胞は膜からなる構造体としては細胞膜だけをもつ単純な構造であるが，真核細胞は細胞膜に囲まれた内部に，核，ミトコンドリア，葉緑体やオートファゴソームなどの内膜と外膜の2つの膜で囲まれたオルガネラと，小胞体，ゴルジ体，ペルオキシソーム，エンドソーム，リソソーム，液胞などの1つの膜でで

きているオルガネラを含む。それら細胞膜とオルガネラの膜はリン脂質が二層に並ぶ脂質二重層からなる。細胞内には，リン脂質の一重層に覆われた脂肪滴も存在する。膜に包まれていないオルガネラとして核小体，リボソーム，細胞骨格，RNA 顆粒などがある。それぞれのオルガネラは細胞の活動に必要な特定の機能を有している。

細胞膜　細胞の内外を隔てる生体膜を細胞膜といい，透過障壁として重要な役割を果たす。多数の膜タンパク質が膜に埋め込まれており，外側に面する膜タンパク質の多くは糖鎖で修飾されている。糖鎖は，細胞同士が認識し，接着するときに重要な役割を果たす。また，細胞膜は細胞内外の物質の出入りの調節や細胞外の情報を内部に伝えるはたらきなどを有している。植物や菌類，細菌類の細胞は細胞膜の外側に強固な細胞壁をもつ。

核と核膜　真核細胞は外膜と内膜の二重膜からなる核膜で覆われた核を有する。核膜には，外膜と内膜が繋がっているところに核膜孔という穴があり，この穴を通って分子や分子複合体が行き来する。核内には DNA が貯蔵されており，タンパク質と結合したクロマチンという安定な構造物として，コンパクトに収納されている。核のはたらきには，DNA の貯蔵以外に，DNA の複製と転写がある。また，核内には塩基性色素で濃く染まる核小体が存在する。核小体はタンパク質の合成を行うリボソームの前駆体を組み立てる場である。

小胞体・リボソーム　核の外膜と連結していて細胞質全体に網目状に広がっているのが小胞体と呼ばれる一重膜のオルガネラである。小胞体には，リボソームが付着している粗面小胞体とリボソームが付着していない滑面小胞体がある。粗面小胞体では，分泌タンパク質や膜タンパク質の合成と小胞体内腔への輸送が行われる。小胞体内腔では，タンパク質の糖鎖付加や折りたたみが行われ，凝集など異常なタンパク質が生じた場合には，それを正常に戻したり，分解して排除したりする品質管理のしくみが存在する。一方，滑面小胞体は，脂質や薬物の代謝，細胞内 Ca^{2+} 濃度の調節に重要な役割を果たしている。粗面小胞体で正常に折りたたまれたタンパク質はゴルジ体を経由して，細胞膜やリソソーム（植物では液胞）など目的の場所へ運ばれる。オルガネラ間でのタンパク質や脂質の輸送は，輸送小胞と呼ばれる膜に囲まれた小さな袋状の構造体が担う。

ゴルジ体　ゴルジ体は，扁平な一重膜の袋状の小のうが数層重なった独特の構造をもつオルガネラであり，タンパク質の糖鎖修飾や選別が行われる場である。

リソソーム・液胞 リソソーム（動物細胞の場合）や液胞（植物や酵母細胞の場合）は，その内部に多くの酸性加水分解酵素を含み，物質の分解・消化を行う一重膜のオルガネラである。細胞外のものを取り込んだエンドソームやファゴソーム，あるいは自身の古くなったものを包み込んでできたオートファゴソームと呼ばれるオルガネラがリソソーム・液胞と融合して，物質が分解される。リソソーム・液胞内部は分解酵素の活性を高めるために酸性に保たれている。また，液胞は物質の分解というはたらきのほかに，栄養分となるアミノ酸や糖の貯蔵や細胞質の浸透圧調節など多彩な役割をもつ。

ペルオキシソーム ペルオキシソームは過酸化物の生成分解，脂質成分の代謝に関わる一重膜のオルガネラである。

ミトコンドリア ミトコンドリアは生体エネルギーである ATP の産生を担う二重膜のオルガネラである。ミトコンドリアは，好気的呼吸を行う細菌が進化の過程で真核細胞内に取り込まれ，共生したものであると考えられている。

葉緑体 動物細胞にはなく，植物細胞にあるオルガネラが葉緑体である。葉緑体は二重膜で覆われ，内部にチラコイドと呼ばれる扁平な膜構造体をもつ。光合成を行うオルガネラで，藍藻が真核細胞に共生したものであると考えられている。

脂肪滴 脂肪滴は，疎水性の高いトリアシルグリセロールやコレステロールエステルなど中性脂肪がリン脂質一重層によって覆われたオルガネラである。余剰脂肪の貯蔵庫としてだけでなく，脂質やエネルギーの恒常性において重要な役割を果たす。

細胞骨格 細胞骨格はタンパク質が重合した細長い繊維状の構造体であり，細胞の形態の維持，細胞の運動，細胞内の物質輸送，細胞分裂などの様々な機能に関わっている。アクチン繊維，微小管，中間径フィラメントの3種類がある。

RNA 顆粒 RNA 顆粒は RNA とタンパク質からなる細胞質内構造体で，mRNA の翻訳抑制や分解などに関わるオルガネラである。

（船戸耕一）

参考図書・文献

1）東京大学生命科学教科書編集委員会 編：『理系総合のための生命科学』，羊土社（2007）

2）Cooper, G. M. *et al.*（須藤和夫ほか 訳）：『クーパー細胞生物学』，東京化学同人（2008）

1.2　遺伝子とセントラルドグマ

■遺伝子

　ある生物がもつ形や性質の特徴のことを形質という。この形質が親から子に伝わることを遺伝といい，この遺伝を担っているのが遺伝子である。いうまでもなく遺伝子の生化学的な物質は，デオキシリボヌクレオチドを構成単位としたデオキシリボ核酸（deoxyribonucleic acid：DNA）である（図1.2.1）。ジェームズ・ワトソン博士とフランシス・クリック博士の2人が，DNAが2本の鎖からなる二重らせん構造（2本鎖DNA）であることを発見した（1953年）。DNA分子は4種類のデオキシリボヌクレオチドが重合したポリヌクレオチド鎖である。デオキシリボヌクレオチドは塩基，デオキシリボース，リン酸基から構成され，塩基はプリン塩基であるアデニン（A）とグアニン（G），ピリミジン塩基であるシトシン（C）とチミン（T）の4種類である。すなわち，ポリヌクレオチド鎖はデオキシリボースとリン酸が交互に連結した主鎖と，主鎖から突き出す形でデオキシリボースに結合した塩基からなる。ポリヌクレオチド鎖にある塩基は，もう一方のポリヌクレチド鎖にある塩基と水素結合を形成しているため，二重らせん構造の内側に位置している。これらの塩基はピリミジン塩基とプリン塩基間で水素結合を形成している。つまり，DNAの二重ら

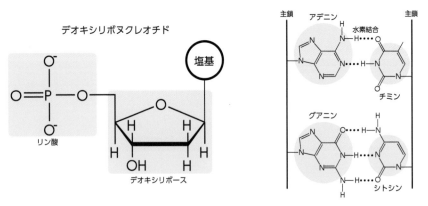

図1.2.1　デオキシリボヌクレオチドの構造

せん構造において水素結合を形成する塩基の組合せが A と T，G と C と決まっており，この性質のことを塩基の相補性という。そしてピリミジン塩基とプリン塩基の組合せを塩基対といい，この塩基対の形成が DNA の二重らせん構造をエネルギー的に安定にしている。さらに塩基の相補性は遺伝情報の発現や，細胞分裂時における DNA の自己複製にも重要な役割を果たしている。これら4 種類の塩基の並び（塩基配列）が遺伝情報である。

■ゲノム

　生物が個体として生存するために必要最小限の遺伝情報のセットを，その生物のゲノムという。つまり，ある生物がもっている DNA のすべての塩基配列がゲノムといえる。原核生物である大腸菌のゲノムは，細胞質中で環状の二重らせん構造をとっており，1 本（1 セット）である。一方，真核生物の DNA は核内でヒストンなどのタンパク質と結合し，染色体として存在している。真核生物であるヒトでは，両親からそれぞれ 1 セットのゲノムを受け取っているため，2 セットのゲノムをもっている。ヒトでは 46 本の染色体があり，それぞれ対になっている。23 対の染色体のうち，22 対は常染色体で，残り 1 対は性染色体である。これらの染色体を構成している DNA の総延長は約 2 m に達し，分子としては異例の長さである。ここでは DNA の長さをメートルで表したが，一般に DNA（あるいは塩基配列）の長さを，塩基対（base pair：bp）の数で表す。したがってヒトの染色体（2 セットのゲノム）の長さは 6×10^9 bp と表せる。なお，1 本のポリヌクレオチド鎖の場合では塩基数（nucleotide：nt）で表す。ゲノムのサイズは生物種によって大きく異なり，ヒトの 3×10^9 bp に対して，大腸菌では 4.6×10^6 bp，モデル植物のシロイヌナズナでは 1.2×10^8 bp である。

■セントラルドグマ

　遺伝情報はゲノムの塩基配列のことであるが，一般的には遺伝子は，ゲノムの塩基配列全体の中でタンパク質の設計情報が記録されている特定の塩基配列を指すことが多い。つまり，ゲノムはタンパク質の情報をもつ部分（コード領域）とタンパク質の情報をもたない部分（非コード領域）に大きく分けられる。遺伝情報の発現とは遺伝子をもとにタンパク質が合成されることであり，これを遺伝子発現という。遺伝子発現の第 1 段階は DNA の塩基配列からリボ核酸

（ribonucleic acid：RNA）が合成される転写である。DNA は 2 本鎖であるが，遺伝子は 2 本鎖のうちどちらか一方の鎖の塩基配列であるため，転写でも一方の鎖の塩基配列が使用される。また DNA には遺伝子として mRNA（messenger RNA）に転写される領域だけでなく，遺伝情報の発現調節を担っている領域も存在している。転写ではタンパク質の設計情報をもった mRNA 以外にも，タンパク質合成に必要な rRNA（ribosome RNA）や tRNA（transfer RNA）なども合成される。転写によって合成される RNA は DNA と同じ核酸で，塩基，リボース，リン酸基から構成されたポリヌクレオチド鎖である。RNA の塩基の種類は，DNA と同様に 4 種類である。しかし，A，G，C は共通であるが，T の代わりにウラシル（U）となっている点が異なる（図 1.2.2）。これらの塩基は G と C，A と U の間で水素結合を形成することが可能である。そのため，1 本鎖の RNA は分子内で部分的に 2 本鎖を形成していることが多い。特に rRNA や tRNA では，分子内の多くの領域で部分的に 2 本鎖を形成している。その結果，一定の構造が形成され，この構造が rRNA や tRNA として機能発揮するうえで重要となる。遺伝子発現の第 2 段階は mRNA の塩基配列をもとにタンパク質を合成する翻訳である。タンパク質は鎖状にアミノ酸が多数連結してできた高分子化合物である。翻訳では mRNA 上のコドンと呼ばれる 3 塩基からなる塩基配列をもとに，対応するアミノ酸が重合してタンパク質を合成する。真核生物の遺伝子は，一般に複数のエキソンとイントロンからなり，エキソンがコード領域である。エキソンとイントロンの塩基配列は，いずれも mRNA（未成熟型）に転写される。その後，プロセシングによってイントロンの除去（スプライシング）や，mRNA の末端に 7-メチルグアノシン（m^7GTP）

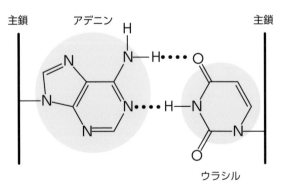

図 1.2.2　ウラシルの構造

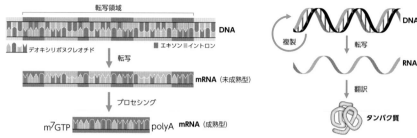

図 1.2.3 真核生物における転写　　図 1.2.4 セントラルドグマ

の付加やポリアデニル化（polyA）が行なわれ，mRNA（成熟型）に加工される（図 1.2.3）。その後，細胞質へ輸送された成熟 mRNA をもとに，タンパク質が合成される。原核生物でも，真核生物でもゲノムに存在する遺伝子から mRNA を介してタンパク質が合成される。DNA の複製も含めて転写や翻訳の一連の遺伝情報の流れを分子生物学のセントラルドグマと呼び，バクテリアからヒトまで全生物に共通した原理である（図 1.2.4）。

　ゲノムの遺伝情報に着目して総合的に解析することをゲノム解析という。ゲノムはある生物のもつすべての遺伝情報であり，生物の設計図といえる。ゲノム解析は生物の生命現象を理解するうえで必要不可欠である。ゲノム解析では，まずゲノムを構成する DNA の塩基配列を解読する。以前はゲノムの塩基配列すべてを解読するのに数年ぐらい必要であったが，現在では次世代シーケンサーと呼ばれるゲノム解析機器によって短期間で解読できるようになった。そして解読した塩基配列をもとに生命情報学（バイオインフォマティクス）的手法によって，遺伝子やタンパク質の構造予測や生物種間での塩基配列比較などが行なわれている。ゲノム解析は生物学だけでなく医学や薬学，農学などの幅広い分野で利用されている。

（藤川愉吉）

参考図書・文献

1）Watoson, J.D., Crick, F. H. C. : *Nature*, **171**, 737-738 (1953)
2）Alberts, B. *et al.* : Molecular Biology of the Cell Six Edition, pp. 299-366, Garland Science (2014)

1.3 タンパク質の構造と機能

■生命とタンパク質の関係

　生命の仕組みを理解する一助として，タンパク質の構造と機能からアプローチする研究方法がある。身近な例で生命とタンパク質の関係を考えてみよう。たとえば，我々がご飯を食べるときには，よく噛むことが大切であり，その際，消化酵素の一種であるアミラーゼというタンパク質が米のデンプンを糖に分解する。その糖を栄養分として細胞内に取り込むのは，細胞膜にある物質輸送タンパク質である。細胞内で糖からエネルギー化合物であるATPを作り出すには，解糖系やクエン酸回路，呼吸鎖電子伝達系を構成する多くのタンパク質が関わる。さらに，ATPを利用して細胞の恒常性を維持したり，筋肉を動かしたりすることができるのもタンパク質が機能しているからである。

　こう考えると，タンパク質が生命活動を支えているといっても過言ではない。ヒトのゲノムには，約3万種類のタンパク質がコードされている。これらのタンパク質の機能が複雑に絡み合って生命活動を支えている様子をイメージできるだろうか。

■タンパク質が構造を形成するまで

　タンパク質がその構造を形成するには，複雑な過程を経る。まずDNA情報がRNAに転写される。それからRNAの情報にしたがって，アミノ酸がリボソーム上で順番に共有結合でつながり鎖状になる（図1.3.1）。これがタンパク

図 1.3.1　タンパク質が構造を形成するまで

タンパク質が構造を形成するまでをブロックでモデル化する。ブロックはアミノ酸を表す。バラバラのアミノ酸（左）がつながって鎖となる（中）。この鎖が折り畳まれ立体構造を形成する（右）。

質である。細胞内では，1秒間に20個のアミノ酸がつながる。ほとんどのタンパク質は数100個のアミノ酸からできているので，鎖状になるには10秒以上かかる計算になる。このDNA→RNA→タンパク質の一連の流れをセントラルドグマといい，高等学校の生物で学習する。

　大学の授業では，セントラルドグマから一歩先に進む。そして，「タンパク質の構造」の多面性を学ぶ。

　セントラルドグマによると，タンパク質を構成するアミノ酸が整列する順番（アミノ酸配列という）はDNA情報によって決まる。アミノ酸配列はタンパク質に固有であり，「タンパク質の構造」の一面を表す情報である。実際に，1980年代まではアミノ酸配列情報だけで，タンパク質の機能を予測し，さらには生物の進化についても説明していた。

　しかし，アミノ酸配列情報だけでは，タンパク質の機能を実体として理解することができない。タンパク質のアミノ酸配列は1次元の情報というべきもので，機械の設計図に例えることができる。設計図だけでは機械を動かすことができない。設計図に基づいてまず機械そのものを作り，そしてできた機械を見てさわってその動き方を知らなければならない。

　では，どうすればタンパク質の機能を理解できるのか？　この疑問を解決するためには，アミノ酸配列情報に加えて，それとは異なる見方で「タンパク質の構造」をとらえなければならない。

　そこでタンパク質が構造を形成するまでを，もう少し先までのばして見てみよう。アミノ酸どうしが共有結合してできた鎖は，リボソームから離れると折り畳まる。ほとんどのタンパク質の場合，折り畳みには1秒もかからない。折り畳まれた後は，タンパク質ごとに固有の立体構造を形成する（図1.3.1）。タンパク質は立体構造を形成して，機能を発揮できるようになる。したがって，タンパク質の機能を理解するためには，その立体構造についても知る必要がある。つまり，1次元のアミノ酸配列に加えて，3次元の立体構造の視点を取り入れて「タンパク質の構造」を多面的に観察しなければならないのである。

■タンパク質の折り畳み

　タンパク質が立体構造を形成するまでには，アミノ酸の鎖が折り畳まる過程を避けて通ることができない。この折り畳み過程は，タンパク質の機能につながる重要な瞬間である。ところで，この「折り畳み（folding）」という学術用

語は，日常の語感からすると誤解されやすい。アイロンをかけてきちんと『折り畳んだタオル』というよりは，タンパク質の場合は『弧を描き，渦を巻き，曲がりくねって，めちゃくちゃに折り曲げて叩きつぶした針金ハンガー』に近いものである[1]。

　タンパク質の折り畳みをもっと詳しく見てみよう。先に，折り畳み過程は1秒以内で完了すると述べた。台所で使うタイマーでは折り畳みの時間を測ることができないくらいその時間は短いということである。

　一方，タンパク質の折り畳みは特異性が高い。タンパク質が折り畳まる前の鎖は，図 1.3.1 ではひらがなの「つ」にしっぽが生えたような形であるが，ふらふらと色々な形を取りうる。理論計算によると，アミノ酸の数が 100 個の比較的小さなタンパク質でも，鎖状の形は 10^{49} 通りもあるといわれている[2]。このような膨大なパターンが可能な鎖から，タンパク質は特異的な『叩きつぶした針金ハンガー』のような立体構造に到達できるのである。

　タンパク質の立体構造がどのようにして短い時間内で特異的に形成されるのか。それを見つけることが，現代の生物学における重要な課題の1つとなっている。

■タンパク質の立体構造

　タンパク質の立体構造の実例を示そう。図 1.3.2 は，筆者らが研究しているシトクロム c という同じタンパク質を3通りの方法で表したものである。一番左の図は，アミノ酸どうしが共有結合でつながった部分，主鎖だけを表している。これでタンパク質の骨格構造がわかる。渦を巻いたり曲がりくねったりしている。筆者はどうしてもひいき目に見てしまうのだが，この『叩きつぶした針金ハンガー』の形は実に美しい。

　中央の図は，主鎖に疎水性のアミノ酸側鎖と機能に必要なヘムを追加したものである。原子を球で示してある。構造全体のうちこれらの原子の多くが疎水性のヘムを囲むように充填されている様子がわかる。

　図 1.3.2 の一番右の図は，タンパク質表面の電荷分布を濃淡で表している。この特徴はアミノ酸側鎖の性質によって表れる。ヘムの機能を他のタンパク質に伝達するシトクロム c では，タンパク質表面の特徴が機能に決定的な影響を与える。以上のように，タンパク質の立体構造を観察することによって，構造そのものだけでなく，機能についても想像することができる。

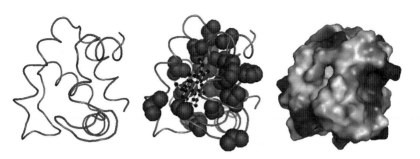

図 1.3.2 タンパク質立体構造の実例

シトクロム c の主鎖構造（左）に疎水性のアミノ酸側鎖とヘムを追加した（中）。同じタンパク質の表面電荷を濃淡で表す（右）。黒が正電荷，灰色が負電荷をもつ領域である。

　図 1.3.2 に示したタンパク質立体構造の例は，見た通り全体としてボールのような形をしている。これはほんの一例である。現在知られているタンパク質の立体構造は実に多様であり，その構造でアルファベット 26 文字すべて表せるそうである[3]。ヒトが文字を発明するずっと以前から，自然がそのような多様なデザインをしていたということができる。

■ どんな役に立つのか？

　最後に「タンパク質の構造と機能」に関する研究が，どんな役に立つのか挙げてみよう。まず，生命の仕組みを知るという知的好奇心を満足させられるという点が挙げられる。次に，すでに産業面で応用されているタンパク質については，その機能を増強するような構造を人為的に構築することが可能となる。さらに，プリオン病などはタンパク質が異常な構造を形成するために起こると考えられているので，その対策に役立てることができる。

（三本木至宏）

参考図書・文献

1）ビル・ブライソン 著，楡井浩一 訳：『人類が知っていることすべての短い歴史』，日本放送出版協会（2006）

2）Pain, R. H. 編，崎山文夫 監訳：『タンパク質のフォールディング 第2版』，丸善出版（2002）

3）Howarth M.：*Nature Structural & Molecular Biology*, **22**, 349（2015）

1.4　生体膜の構造と機能

■生体膜の基本構造

　すべての細胞は細胞膜で包まれており，真核細胞内のオルガネラも膜で覆われている。これらの膜を合わせて，生体膜という。生体膜は，流動性をもった脂質の二重層（厚さ6〜10 nm）に多数の膜タンパク質が結合した構造が基本であり，外界との区画化に重要であるだけでなく，様々な生命現象の場でもある。生体膜の機能は，膜を構成する多種多様な脂質とタンパク質が複雑に絡み合うことで制御されている。

■脂質

　脂質二重層を構成する脂質は主に，グリセロリン脂質とスフィンゴ脂質，ステロールである。これらの脂質は親水性と疎水性の両方の性質を兼ね備えた，両親媒性の分子である。親水性の頭部は水となじみ，疎水性の炭化水素鎖は水を避けて互いに集まるため，脂質二重層の膜が形作られる。生命活動には適度な膜の流動性が必要であり，脂質分子は水平方向に活発に動いている。しかし二重層の内外の間を移動する反転運動は多くのエネルギーが必要であり，糖鎖をもつような極性の高い脂質の反転運動はほとんど起こらないため，脂質二重層の脂質は内側と外側で非対称性を示す。さらに単分子層は均一で平坦な構造ではなく，特定の脂質に富む膜ドメインが存在する。ステロールやスフィンゴ

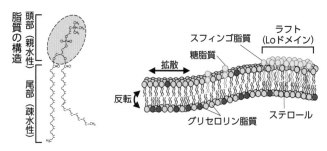

図 1.4.1　生体膜を構成する脂質

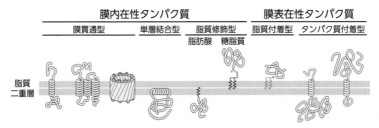

図 1.4.2　生体膜を構成する膜タンパク質

脂質が集まった液体秩序相に相当する Lo（liquid ordered）ドメインはラフトと呼ばれ，液体無秩序相である Ld（liquid disordered）ドメインと比べて膜の厚みが厚く，流動性は低い。Loドメインのステロールは脂質の間の隙間を埋めることで，ドメインの安定性に寄与している。実際の生体膜では，この脂質二重層に種々のタンパク質が組み込まれることにより，機能的な膜構造が形成されている（図 1.4.1）。

■膜タンパク質

　生体膜の脂質二重層に局在しているタンパク質には多様な形があり，膜内在性タンパク質と膜表在性タンパク質がある。膜内在性タンパク質のうち膜貫通型タンパク質には，疎水性のアミノ酸領域によって膜を1回または複数回貫通するタンパク質や，イオンを通すチャネルのようにトンネル型のタンパク質がある。また，脂質二重層の片側の層にだけ結合しているタンパク質もある。さらに，脂肪酸と結合しその脂肪酸を膜へ挿入して生体膜の表面に局在するものや，糖脂質に結合されることによって膜に繋ぎ止められているものもある。一方の膜表在性タンパク質は，特定のリン脂質と選択的に結合したり，膜貫通タンパク質と複合体を作ることによって膜に集積する。これらの膜タンパク質は，生体膜を介した様々な生命現象に深く関わっている（図 1.4.2）。

■生体膜の機能

バリアー機能　細胞膜は，親水性分子の通過を妨げる障壁として重要な役割を果たしている。また真核細胞の内部にあるオルガネラもそれぞれが独自の環境を維持するために，膜によって区画化されており，障壁を築いている。

膜を通過する物質輸送　膜を通過する分子は，低分子と高分子の2種類に大別

できる。低分子のうち，エタノールや酸素のように電荷をもたない分子は受動拡散により膜を通過し，それ以外のイオンやアミノ酸などの取り込みは**チャネル**や**トランスポーター**を介して行われる。濃度勾配に逆らう物質輸送は，ATPの加水分解エネルギー等を必要とする。一方，タンパク質などの高分子は，小胞体やミトコンドリアの膜に存在する**トランスロコン**と呼ばれる転送装置を介して膜を出入りできる。

小胞を介する物質輸送　オルガネラは輸送小胞が介在する**小胞輸送**と呼ばれるネットワークによって結ばれている。ドナー膜の一部が輸送する分子を取り込んだ状態でふくらみ，膜から切り離されて，内部に積み荷を保持した輸送小胞が形成される。運ばれた先で輸送小胞の膜が標的の膜と融合することで，目的の場所に膜脂質やタンパク質が供給される。小胞体－ゴルジ体－細胞膜を経由した細胞外への分泌である**エキソサイトーシス**，細胞外から物質を取り込む**エンドサイトーシス**や**ファゴサイトーシス**，細胞内で不要になったものを分解する**オートファジー**は，小胞輸送を伴うプロセスである。エンドサイトーシスやファゴサイトーシスによって取り込まれて形成された小胞は，最終的にリソソームと融合し，ゴルジ体から送られてきた酸性加水分解酵素によって分解処理される。

オルガネラ間コミュニケーション　生体膜によって区画化されたオルガネラは独立した存在ではなく，相互に作用し合いながら協調的に機能している。たと

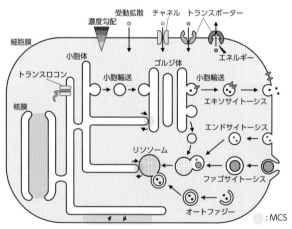

図 1.4.3　物質輸送とオルガネラ間コミュニケーション

えば，小胞体は非常に発達した網状の構造を示すが，細胞膜や他のオルガネラと，膜融合を介することなく非常に近接した領域（membrane contact site：MCS）を形成することが知られている（図 1.4.3）。MCS は，細胞内カルシウムイオンの恒常性維持，脂質などの物質交換，シグナル伝達やオルガネラの形態制御などに重要な役割を果たしている。

その他　細胞膜の外表面側には，細胞外の分子と特異的に結合して細胞内へシグナルを伝達する受容体タンパク質や，細胞同士の認識や接着に重要な役割をもつ糖鎖修飾されたタンパク質が存在している。また，膜貫通型タンパク質は細胞膜の裏打ち構造として膜を安定化させたり，細胞やオルガネラの形態維持に関わっている。

■生体膜の維持

　生体膜を構成する脂質やタンパク質は，細胞膜や各オルガネラ膜で異なる膜組成をもち，それぞれの膜固有の組成がそのオルガネラ独自の構造と機能を作り上げている。また，膜の内側と外側で，さらには膜の単分子層においても，脂質やタンパク質の分布は不均一である。それら分子の局在性は，それぞれの役割や細胞内外の環境変化に応じて厳密に調節されている。したがって，脂質やタンパク質の分布を構築・維持するためには，特異的なメカニズムが必要となる。たとえば，運ぶべき分子を選別する機構や，必要な場所に分子を留め置く機構など，様々な仕組みが存在しているはずである。また，細胞内のそれぞれの膜の状態を感知し環境変化に対処するためには，オルガネラ間の連携も重要であると想像できる。脂質や膜タンパク質の合成・選別・輸送が厳密に制御されることによって，細胞膜やオルガネラ膜の構造や機能が正常に維持され，細胞の生命活動が営まれているのであろう。

（池田敦子）

参考図書・文献

1）浅島誠，池内昌彦ほか：『理系総合のための生命科学』，羊土社（2007）
2）Bruce Alberts, Julian Lewis, *et al.*（中村桂子，松原謙一 監訳）：『細胞の分子生物学 第5版』，ニュートンプレス（2010）

1.5　代謝とエネルギー

■グルコースの代謝

　ヒトは，デンプンをアミラーゼで加水分解してグルコースに変換し，体内に吸収して，エネルギーの源となる ATP（アデノシン三リン酸）に変換する。このエネルギー変換には，酸素（O_2）を吸って二酸化炭素（CO_2）を吐く呼吸が関係する。反応式は $C_6H_{12}O_6 + O_2 \rightarrow 6CO_2 + 6H_2O$ であるが，このグルコースの燃焼を物理的に行う場合，300℃程度の火でグルコースを焼く必要があるわけだが，生体内の温度がそのような高温になることはない。グルコースの燃焼は，代謝と呼ばれる巧みなシステムを通じて行うことができ，以下4つの過程で進行する。

過程①：解糖系　グルコースは，細胞内で両端にリン酸を1つずつ付けられた後、中心で切断されて最終的に2分子のピルビン酸になる（図1.5.1）。この代謝経路を解糖系と呼び，10種の酵素がこれを触媒する。解糖系は2分子のATP を投資しなければならない反応であり，1分子のグルコースからは4分子のATP が生産されるため，正味では2分子のATP しか得られない。しかし，同時に電子伝達物質である還元型補酵素 NADH（ニコチンアミドアデニンジヌクレオチド）が生成し，これが後の過程③に必要となる。

過程②：クエン酸回路　ピルビン酸からアセチル CoA（co-enzymeA：補酵素 A）となる過程で，CO_2 が1分子放出される。そしてアセチル CoA は，9段階の

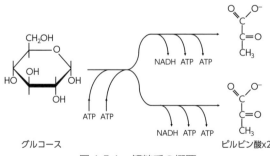

図 1.5.1　解糖系の概要

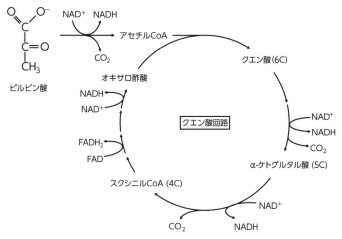

図 1.5.2 クエン酸回路の概要

反応が環状に繋がった代謝経路であるクエン酸回路（TCA 回路や Krebs 回路とも呼ばれる）に入り，1 サイクルすると 2 分子の CO_2 が放出される（図 1.5.2）。2 分子のピルビン酸から，計 6 分子の CO_2 が形成される。呼吸における CO_2 もこの過程で発生したものである。

この反応系の特徴は，グルコース代謝には O_2 が関与しない点，および段階的に反応が進行する点であり，物理的なグルコース燃焼と生体内におけるグルコース代謝は大きく異なる。もう 1 つ重要なことは，還元型補酵素 NADH と $FADH_2$（フラビンアデニンジヌクレオチド）を生成することである。これらの分子は高エネルギー電子運搬体であり，次の反応過程③に使われる。なお，解糖系は細胞質における反応であるのに対して，クエン酸回路での反応は，ミトコンドリア内のマトリックスかマトリックスに面した内膜上で行われる。

過程③：電子伝達系　解糖系とクエン酸回路の化学反応で作り出した NADH と $FADH_2$ は，ミトコンドリアの内膜に埋め込まれた電子伝達鎖（呼吸鎖）と呼ばれる一連の電子伝達タンパク質複合体によって酸化され，電子を発生する。その電子は，複合体 I，II，III，IV を通じて運ばれ（図 1.5.3），その際に放出するエネルギーを H^+（プロトン）のくみ上げに利用し，内膜を挟んで大きな電気化学的勾配を形成させる。この電気化学的勾配はエネルギー貯蔵手段の 1 つとなる。複合体 IV で電子は O_2 および H^+ と反応して，水（H_2O）になる。これらの反応系を，電子伝達系と呼ぶ。

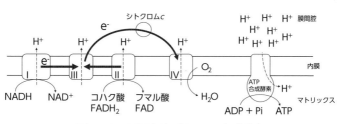

図 1.5.3 電子伝達系と ATP 合成酵素

過程④：ATP 合成　膜を挟んだ電気化学的勾配により，プロトンは ATP 合成酵素という複雑な膜タンパク質の中を流れ，ADP（アデノシン二リン酸）と Pi（無機リン酸）からの ATP 生産を触媒する（図 1.5.3）。多くの ATP 合成酵素は，まるでタービンのように回転することで知られる。この反応系をダムに例えると，プロトンは水であり，膜がダムの堤，ATP 合成酵素は発電機となり，水を貯めておいて発電機のタービンを回すようなイメージである。グルコース 1 分子あたり，28 分子の ATP がこの反応で作られるが，これは過程①における解糖系で合成される ATP 量の 14 倍もの量である。

　解糖系における反応はリン酸をもつ基質から ADP へリン酸を移す反応であるため，これを基質レベルのリン酸化という。それに対して，電子伝達系と ATP 合成酵素による ATP 合成は，NADH などの基質を酸化する反応を伴うため，これを酸化的リン酸化という。

■ATP はエネルギーの万能貨幣

　過程①から過程④で作られる ATP は，細胞内の様々な化学反応を進めるエネルギーを蓄えた便利な通貨となる。ATP は，ADP にリン酸基が付加しているというエネルギー的に起こりにくい反応で合成されており，エネルギーが必要な場合，ADP への加水分解を起こし，エネルギーと Pi を放出する。放出されたエネルギーは，様々な有機分子の生合成などに使われる。

　さて，ヒトは 1 日あたり約 50kg の ATP を合成するといわれており，生きていくために大量の ATP を生み出し続けている。これらすべての反応が，直径 0.1mm にも満たない細胞の中で起こり，細胞は様々な酵素を使い分けてい

る。飢えにも病気にも常に細胞は順応してはたらき続ける。細胞に私たちができる最高の恩返しは，エネルギー源としてご飯をきちんと摂取することなのかもしれない。

（藤井創太郎）

参考図書・文献

1）ホートン，H.R. ほか（鈴木紘一ほか 監訳）．：『ホートン生化学 第4版』，東京化学同人（2008）

2）アルバート，B. ほか（中村桂子, 松原謙一 監訳）：『細胞の分子生物学 第6版』，ニュートンプレス（2017）

3）ロディッシュ，H. ほか（榎森康文ほか 訳）：『分子細胞生物学 第8版』，東京化学同人（2019）

1.6　動物の発生

■発生とは

　多細胞動物の一生は，「受精卵」というたった1個の細胞から始まる。雌の体で作られた卵と雄の体で作られた精子が融合して受精卵となり，細胞分裂を繰り返しながら細胞の数を増やし，細胞の移動や分化を経て，1つの個体が形作られる。卵から孵化した個体は成長し，性的に成熟して成体となり，次世代を残す。発生とは，受精卵から出発して，成体に到達するまでの全過程を意味する。

　個体発生の初期過程，つまり受精から孵化までの過程は胚形成（胚発生）と呼ばれる。ここでは，ウニ（図1.6.1）とショウジョウバエ（図1.6.2）を例として胚形成について説明する。一方，孵化直後の幼生から性成熟した成体までの過程は後胚発生と呼ばれる。たとえば，変態（カエル，昆虫など），再生（プラナリア，ヒドラ，イモリなど），加齢などが後胚発生に含まれる。

■ウニの胚形成

　ウニの卵が受精すると，受精膜が形成され（図1.6.1A），細胞分裂が始まる。発生の最も初期の細胞分裂は，分裂後に細胞の成長（体積の増加）を伴わないため，分裂ごとに細胞が小さくなる（図1.6.1B，C）。このような様式の細胞分裂を卵割と呼び，分裂後の各細胞を割球と呼ぶ。しばらくの間は，卵割は同調的に繰り返され，割球数が倍々に増加する。卵割期が終了する頃には，一層の細胞層に囲まれた中空のボール状の胚となる（図1.6.1D）。このような形態の胚を胞胚と呼び，胞胚内部の隙間を胞胚腔と呼ぶ。ウニの胞胚は表面に繊毛をもち，受精膜を溶かして泳ぎ出す。その後，胞胚の一部が胞胚腔に向けて陥入を始め（図1.6.1E），陥入部分が伸長して原腸となる（図1.6.1F）。原腸の入り口は原口と呼ばれ，将来，肛門になる。このように，原口が肛門になる動物は新口動物と呼ばれる。原腸陥入が観察される胚は原腸胚と呼ばれ，三胚葉構造をもつ。すなわち，原腸部分が内胚葉となり，外側の細胞群が外胚葉となる。また，陥入部分付近から，間充織細胞が胞胚腔内部に離脱して中胚葉となる。

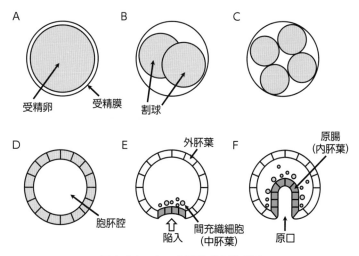

図 1.6.1 ウニの胚形成の模式図
A. 受精卵。B. 2 細胞期胚。C. 4 細胞期胚。D. 胞胚。E. 初期原腸胚。
F. 中期原腸胚。胚の上が動物極，下が植物極。

原腸は伸長を続け，原腸先端が外胚葉に達した部分に口が作られる。さらに発生は進み，最終的には，外胚葉からは表皮や神経などが，中胚葉からは筋肉や骨片などが，内胚葉からは消化管などが分化する。

■ショウジョウバエの胚形成

　ショウジョウバエの発生様式は，ウニとは大きく異なる。ショウジョウバエの卵割は，核だけが同調的分裂を繰り返し，細胞質の分裂が起こらない。そのため，最初のうちは，1 つの細胞に複数の核が存在する多核の胚となる（図1.6.2B）。9 回目の核分裂が起こった段階で，多くの核が細胞表層に移動し，多核性胞胚となる（図 1.6.2C）。この時期には，胚の後方末端に極細胞が形成されていて，これらは後に生殖細胞になる。核の数が 6,000 個を過ぎた頃に，表層に位置する核と核の間が細胞膜によって仕切られて，それぞれの核を包みこむ形で細胞が形成される。この段階では，ウニの胞胚と同様，一層の細胞層に囲まれた構造となっていて，細胞性胞胚と呼ばれる（図 1.6.2D）。さらに発生が進むと，腹部に溝のような凹み（腹溝）が生じる（図 1.6.2E）。腹溝の大部分は中胚葉となり，腹溝の前方と後方に中腸原基（内胚葉）が形成される。腹溝の形成が原腸陥入に相当すると考えられ，この時期の胚を原腸胚とみなすこ

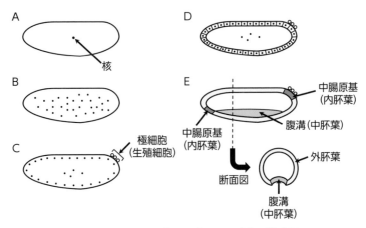

図 1.6.2　ショウジョウバエの胚形成の模式図

A. 受精卵。B. 卵黄内核分裂。C. 多核性胞胚。D. 細胞性胞胚。E. 初期原腸胚（下図は，点線で切った場合の断面図）。胚の左が前方（頭側），右が後方（尾側），上が背側，下が腹側。

とができる。外側を取り囲む細胞群が外胚葉であり，表皮や神経などに分化する。一方，中胚葉からは筋肉などが，内胚葉からは消化管（中腸）が形成される。

■発生様式の多様性と共通性

　ウニとショウジョウバエの発生過程を比較すると，形態的にはかなり大きな違いが認められる。その他の様々な動物種の発生様式を観察しても，種によって千差万別であり，極めて多様性に富んでいる。一方で，以下に挙げる共通点も，多くの種で認められる。

① 卵割期には，体積増加を伴わない同調的な細胞分裂（または核分裂）を繰り返す。

② 原腸陥入によって，外胚葉，中胚葉，内胚葉の３層の胚葉が形成される。

③ 外胚葉からは表皮や神経などが，中胚葉からは筋肉などが，内胚葉からは消化管などが分化する。

　近年の分子生物学の発展により，多くの動物種で発生過程を制御する遺伝子群が同定されている。興味深いことに，発生様式がまったく異なる動物間で比較した場合でも，相同性が認められる発生ステップでは，類似の遺伝子セット

が使われていることが明らかになってきている。このような知見が蓄積されるに伴って，発生の分子メカニズムの多様性を比較しつつ共通性を抽出し，動物の進化過程を分子レベルで理解しようとする試みが進んでいる。この新しい学問領域は進化発生生物学（evolutionary developmental biology），あるいは略して『エボ・デボ（evo-devo）』と呼ばれる。

（国吉久人）

参考図書・文献

1 ）Jonathan Slack（著），大隅典子（翻訳）：『エッセンシャル発生生物学 改訂第2版』，羊土社（2007）
2 ）Scott F. Gilbert（著），阿形清和，高橋淑子（監訳）：『ギルバート発生生物学』，メディカル・サイエンス・インターナショナル（2015）

1.7 生殖の仕組み ―哺乳類

■生殖

　生殖とは，雄と雌の配偶子が出会い，受精することで次世代が誕生することである。雄の配偶子である精子は精巣で形成された後，雌の副生殖器官に射精され，膣 ― 子宮 ― 卵管へと上向する。一方，雌の配偶子である卵は，卵巣で形成された後，卵巣から放出（排卵）され，卵管へと移動する。このように卵管において精子と卵が出会うことで，受精がスタートする。以上のような，配偶子を形成する機関を生殖器官（精巣と卵巣）と呼ぶ。

■雄の生殖器官である精巣

　精巣は，精子が形成される精細管と，その周囲に存在する間質組織から構成されている（図1.7.1）。精細管内には，様々なステージの精子細胞と精子細胞を支持するセルトリ細胞（支持細胞）が存在している。特に，精細管の管壁に精原細胞が存在し，体細胞分裂している。そして，菅中央にかけて減数分裂期に進行した精母細胞（一次精母細胞と二次精母細胞）があり，中央部には減数分裂を完了した精細胞（円形精子細胞）と，精子への変態過程にいる細胞および完成した精子が観察される（図1.7.1）。このようなステージを経て精子形成は完了するが，それは精子自身のみで完結できるわけではなく，周囲の体細胞

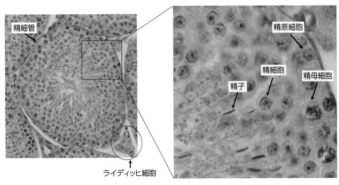

図1.7.1　マウス精巣の構造と様々なステージの精子細胞

のサポートが必要不可欠である。特に，精細管内に存在するセルトリ細胞と間質組織に存在するライディッヒ細胞が重要である。

　セルトリ細胞は，精細管内において雄性配偶子（様々なステージの精子細胞）と連結しており，様々な栄養やホルモンを産生・分泌し，精子細胞へと供給する。また，セルトリ細胞どうしが強く結合することで，血液—精巣関門を精細管の上皮部分に形成しており，免疫細胞が精細管内へと侵入することを防ぎ，精子細胞を保護する作用も有する。さらに，精子形成過程で死滅した精子を貪食し，精細管内を掃除する役割をも有している。以上のようなはたらきによって，セルトリ細胞は精子形成を支持しているが，これら作用について，男性ホルモンであるテストステロンの重要性が広く知られている。

■男性ホルモン：テストステロン

　テストステロンは，セルトリ細胞に作用して精子形成を担保するとともに，精漿（精子は，精子だけでなく精漿と共に精液として射出される）を産生する雄の副生殖腺（精嚢腺や前立腺，尿道球腺）を発達させ，さらに精子が運動性を獲得し，射出まで蓄積されている精巣上体の機能を向上させる作用を有する。また，脳に作用し，雄の性行動（乗駕行動など）を導く作用もあることから，雄の生殖にとって必要不可欠なホルモンである。このように雄の生殖のレギュレーターであるテストステロンであるが，これは精巣の間質組織に存在するライディッヒ細胞で産生されている。ライディッヒ細胞は，性成熟後の精巣間質組織のほぼすべてを埋め尽くしている細胞であり，LH受容体を有している。LH受容体は，脳下垂体から分泌される黄体形成ホルモン（LH）を感受する受容体であり，LHを感受したライディッヒ細胞ではLH刺激依存的にテストステロン産生に必須な酵素類をコードする遺伝子（*Cyp11a1*や*Cyp17a1*など）の発現が誘導される。このようなLH依存的な遺伝子発現に起因して，ライディッヒ細胞においてテストステロン産生が誘導される。したがって，脳下垂体−ライディッヒ細胞を機軸として産生されたテストステロンがセルトリ細胞に作用して精子形成を誘導すると同時に，副生殖腺に作用して精漿産生を，そして脳に作用して性行動を誘導することで，雄の生殖能力が十分に発揮される。

■卵胞の発育

　卵巣内には，卵胞とよばれる球状構造がたくさん存在し，卵胞の中央に卵が

位置する（図 1.7.2）。出生前後に卵と卵を覆う顆粒膜細胞前駆細胞で構成される原始卵胞が形成され，代謝活性と遺伝子発現活性を低下させることでそのステージで停止している。原始卵胞が活性化すると，卵が分泌する因子の作用により顆粒膜細胞の細胞分裂が開始され，2 層以上の顆粒膜細胞層が卵を覆う二次卵胞へと発育する。二次卵胞以降の発育は，脳の視床下部から分泌されるゴナドトロピン放出ホルモン（GnRH）の制御により下垂体から分泌される卵胞刺激ホルモン（FSH）依存的に亢進される。二次卵胞は，2 層の顆粒膜細胞層の時点では FSH への応答性が低いが，多層の顆粒膜細胞層へと発育する過程で FSH への反応性を獲得する。これは，卵分泌因子により抑制されていた FSH 受容体の発現が，その抑制から解除された外層の顆粒膜細胞で発現することを意味する。卵胞膜に浸潤した血管から FSH が供給され，顆粒膜細胞は，FSH 刺激により活性化されるミトコンドリア依存的 ATP 合成により，細胞分裂が担保されている。

複数層の二次卵胞から胞状卵胞，さらに卵胞直径を拡大させた排卵前卵胞への移行期において，顆粒膜細胞は，卵胞膜を裏打ちする壁顆粒膜細胞と卵を覆う卵丘細胞へと分化する。前者は，FSH 刺激によるエストラジオール 17 β の合成とレチノイン酸の合成により LH 受容体を高発現する細胞へと機能を変化させる[2-4)]。後者は，レチノイン酸合成機構が変化しないために LH 受容体が高発現することはない。しかし，ギャップジャンクションを介して結合している卵へ栄養成分（代謝基質）を輸送し，卵の減数分裂を制御する機能を獲得する[5-7)]。卵内ではタンパク質の合成が促進され，卵胞内小器官が増加し，卵の直径も増大する。ヒトやウシでは，直径 110 μm以上の卵が減数分裂進行能を備えるが，FSH とエストラジオール 17 β による機構により抑制されている[8, 9)]。

排卵

脳の下垂体から排卵刺激である黄体形成ホルモン（LH）が一過的に放出され，排卵前卵胞の壁顆粒膜細胞に作用すると，様々な生理活性因子が分泌され，卵胞を破裂させ卵丘細胞を刺激するだけでなく，壁顆粒膜細胞自身は黄体細胞へと変化する。一方，卵丘細胞は，壁顆粒膜細胞の分泌因子の刺激を受けて，細胞間にヒアルロン酸を主成分とする細胞外マトリクスを蓄積し，卵の減数分裂再開と第二減数分裂中期への進行を調節することで，受精能を有する卵を卵胞から受精の場である卵管へと排出させるために重要な役割を果たしてい

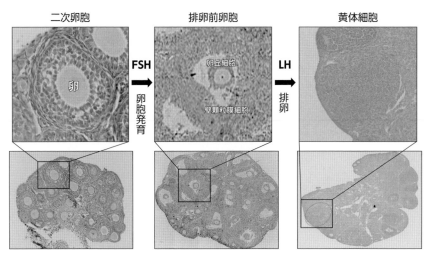

図 1.7.2　卵巣と卵胞の構造変化

卵巣では，卵胞の中で，雌の配偶子である卵が成熟（受精できる状態）する。

る[10,11]。ヒトやウシでは，直径が 20 mm を超える胞状卵胞では，上述のとおり壁顆粒膜細胞は LH 受容体を発現し，卵丘細胞は卵の減数分裂を制御する排卵準備が完了した排卵前卵胞へと発育している。

（梅原崇・川合智子）

参考図書・文献

1）佐藤英明ほか：『新動物生殖学』，朝倉書店（2011）
2）Fitzpatrick SL, Richards JS.：*Mol Endocrinol*, **8**, 1309-1319（1994）
3）Farookhi R, Desjardins J.：*Mol Cell Endocrinol*, **47**, 13-24（1986）
4）Kawai T, Richards JS., *et al.*：*Endocrinology*, **159**, 2062-2074（2018）
5）Jeppesen JV, Kristensen SG., *et al.*：*J Clin Endocrinol Metab*, **97**, 1524-1531（2012）
6）Su YQ, Sugiura K., *et al.*：*Semin Reprod Med*, **27**, 32-42（2009）
7）Noma N, Kawashima I., *et al.*：*Mol Endocrinol*, **25**, 104-116（2011）
8）Hirao Y, Nagai T., *et al.*：*J Reprod Fertil*, **100**, 333-339（1994）
9）Zhang M, Su YQ., *et al.*：*Science*, **330**, 366-369（2010）
10）Kawashima I, Umehara T., *et al.*：*Mol Endocrinol*, **28**, 706-721（2014）
11）Kitasaka H, Kawai T., *et al.*：*PLoS ONE*, **13**, e0192458（2018）

1.8 生殖の仕組み—鳥類

■鳥類の生殖様式と卵の形成

鳥類は卵を産む卵生であり，哺乳類は体内で仔を育てる胎生であるため，その生殖器の構造および機能は大きく異なる。鳥類の受精は排卵直後の卵管漏斗部で起こり，受精卵が卵管内を輸送される過程で卵（たまご）が形成される（図1.8.1）。排卵直後の卵子は卵黄膜内層（哺乳類の透明帯に相当）に覆われており，漏斗部でカラザ層が付着する。続いて，膨大部で卵白が，峡部で卵殻膜が，子宮部で卵殻が順に形成され，完成した卵は膣部を通って放卵される。また，卵子が卵管を通過する過程でカラザ層の一部がねじれてカラザが形成される。膨大部で形成される卵白は濃厚卵白とよばれる水分の少ない卵白だが，子宮部から水分が分泌されることにより濃厚卵白の一部は水様卵白へと変化する。放卵後，卵殻膜の一部が二層に分離して気室が形成される。ウズラの卵にみられるような卵殻の模様は，子宮部から分泌される色素が卵殻の表面に沈着することで生じる。卵子の滞留時間は漏斗部でおよそ15分，膨大部で3時間，峡部で1.5時間，子宮部で20時間，膣部で数分であり，特に卵殻の形成に長時間を要する。ニワトリは約25時間の排卵周期（性周期）を示し，ほぼ1日に1個のペースで産卵する。鳥類では尿管，直腸，膣または輸精管が独立しておらず，これらが合流した総排泄孔から便，尿，卵または精液を排出する。交尾は雌雄の総排泄孔を接触させることにより行う。

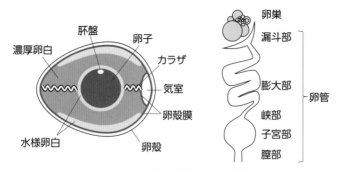

図 1.8.1 鳥類の卵の構造（左）と雌性生殖器（右）

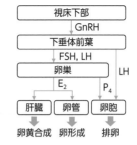

図 1.8.2　ウズラの卵巣（左）と鳥類の雌の生殖におけるホルモン支配

▦鳥類の卵巣と卵子

　家禽を含む多くの鳥類の雌では左側の卵巣および卵管のみが機能し，右側は発生過程で退化する。卵巣はブドウの房状の形態で，発達過程の様々なサイズの卵胞が目視できる。卵胞は白色卵胞および黄色卵胞に大別され，さらに黄色卵胞のうち最も大きいものは最大卵胞（F1），2 番目に大きいものは第二位卵胞（F2），以下同様に F3，F4，F5 とよばれ区別される（図 1.8.2）。F1 が排卵された後には F2 が発達して F1 となり，F3 は F2 へ，F4 は F3 へ発達するというように，鳥類の卵胞発達には明確な序列性が認められる。卵胞は卵胞膜，顆粒層細胞，卵黄膜内層，卵子からなる。鳥類の卵子は哺乳類の卵子と比較して巨大（ニワトリ卵子は直径約 30 mm）で大量の卵黄を含み，直径約 1 ～ 2 mm の胚盤に細胞質および核が偏在する端黄卵である。卵黄は肝臓で合成され，血流を介して輸送され卵子へ取り込まれる。また，卵黄には母鳥由来の移行抗体である IgY（哺乳類の IgG に相当）が多量に含まれ，雛の感染防御に重要な役割を果たす。

　卵巣における卵子の発育は卵胞刺激ホルモン（FSH）によって，成熟した卵子の排卵は黄体ホルモン（LH）によってそれぞれ制御されており，両者とも視床下部から放出される性腺刺激ホルモン放出ホルモン（GnRH）の刺激を受けて下垂体前葉から放出される。また，卵巣では FSH と LH の刺激によりエストロゲン（E_2）とプロゲステロン（P_4）が産生される。E_2 は卵管の発達および肝臓における卵黄合成を促し，P_4 は LH とともに排卵に関与する（図 1.8.2）。

▦鳥類の精巣と精子

　鳥類には哺乳類のような外部に露出した陰嚢はなく，精巣は腹腔内に左右一

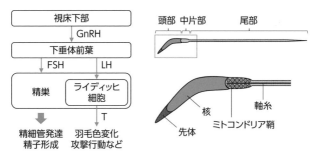

図1.8.3　鳥類の雄の生殖におけるホルモン支配（左）と家禽精子の構造（右）

対存在する。精子は精細管内で形成され，精細管の間質にはライディッヒ細胞が，精細管内にはセルトリ細胞が存在し，セルトリ細胞に囲まれるようにして精原細胞，精母細胞，精子細胞，精子が基底側から管腔側へと整列する点は哺乳類と同様である。一方で，鳥類では繁殖期と非繁殖期における精巣の大きさが著しく異なり，短日条件で飼育したウズラを長日条件へ移行すると約2週間で精巣重量が100倍以上にまで発達することが知られている。鳥類の脳深部には光受容体が存在し，長日刺激を脳深部光受容体で感知すると，脳内で局所的に活性型甲状腺ホルモン（T_3）が合成されGnRHの放出を促すことが明らかになっている。GnRHの刺激を受けると下垂体前葉からFSHとLHが放出され，FSHは精細管の発達と精子形成を，LHはライディッヒ細胞におけるテストステロン（T）産生を促進する。テストステロンは体中の様々な器官を標的とし，羽毛色の変化や攻撃行動などを引き起こす。

　ニワトリやシチメンチョウでは腹部をマッサージすることにより射出精液を採取できる。家禽の精子は「く」の字に折れ曲がった細長い頭部，ミトコンドリア鞘が巻きついた中片部および尾部からなる。核の前部には先体が存在し，卵黄膜内層との結合（哺乳類の精子－透明帯結合に相当）に重要な役割を果たす。精子の運動は軸糸でATPのエネルギーを消費することにより生じる。哺乳類精子では卵管を通過する過程での受精能獲得が受精に必須であるが，鳥類では受精能獲得は起こらず，射出直後の精子にも受精能が備わっている。

■貯精

　雌の卵管漏斗部および子宮腟移行部には精子貯蔵管と呼ばれる管状の構造が存在する（図1.8.4）。交尾後の精子の一部は精子貯蔵管へ侵入し，ウズラでは

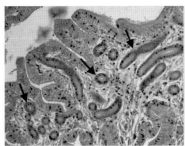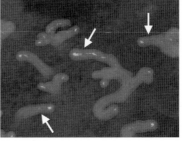

図 1.8.4　子宮膣移行部の組織切片（左）ホールマウント標本（右）
矢印は精子貯蔵管を示している。右の写真では精子貯蔵管の中に貯蔵された精子が観察できる。

約 10 日，ニワトリでは約 3 週間，シチメンチョウでは約 3 ヶ月間受精能を維持したまま貯蔵される。すなわち，鳥類は一度交尾すれば，その後再交尾をせずとも一定期間受精卵を産み続けることが可能である。交尾後の精子が雌の生殖道内で長期間貯蔵される現象は貯精と呼ばれ，鳥類以外にも爬虫類，両生類，昆虫類，軟体動物など非常に多様な分類群に属する動物で観察される。

　精子貯蔵管からの精子の放出は卵巣で合成される P_4 によって制御され，排卵数時間前に血中 P_4 濃度が一過的に上昇すると貯蔵精子の一部が精子貯蔵管から放出されることが報告されている。また，精液に含まれるプロスタグランジン $F_{2\alpha}$（$PGF_{2\alpha}$）は精子貯蔵管周囲の平滑筋に作用して精子貯蔵管の開口部を拡げることが知られており，精漿を除去した精子で人工授精を行うと精子貯蔵管への精子侵入が減少し受精率が低下する。

■就巣

　鳥類には産んだ卵を体の下に抱えこんで温める抱卵行動や孵化した雛を育てる育雛行動といった就巣行動を行う性質があり，これを就巣性という。繁殖期の雌は一定の期間連続で産卵すると抱卵行動を開始し，以降は産卵を停止する。抱卵行動が一度発現すると次回の産卵開始までに長期間を要することから，家禽産業においては，就巣性は卵の生産性を低下させる要因となる。このため，卵用のニワトリは遺伝的に就巣性を除去されている。一方で，烏骨鶏や矮鶏のような品種では就巣性が完全には除去されておらず抱卵行動を示す比率が高い。

　鳥類の就巣行動は下垂体ホルモンであるプロラクチン（PRL）の支配を受けることがよく知られており，産卵期のニワトリに PRL を投与すると抱卵行動や育雛行動を引き起こすことができる。また，PRL は産卵の停止にも大きく関与し，FSH や LH による卵巣での E_2 産生を PRL が阻害することにより卵子の発達や卵管の機能を抑制すると考えられている。

（松崎芽衣）

参考図書・文献

　1）古瀬充宏 編：『ニワトリの科学』，朝倉書店（2014）
　2）佐藤英明 編：『動物生殖学』，朝倉書店（2003）

1.9　免疫—生体防御機構

■免疫 [1, 2]

　ヒトは，ウイルスや細菌，真菌，寄生虫といった病原体に感染すると様々な病気を発症する（感染症）。免疫は，そのような病原体などに対する生体防御を指し，免疫に関わる組織や細胞，分子群の総称を免疫系と呼ぶ。免疫に関わる細胞（免疫細胞）は，骨髄中の造血幹細胞から作られる。造血幹細胞から骨髄系前駆細胞とリンパ球系前駆細胞に分化した後，骨髄系前駆細胞から単球・マクロファージ，樹状細胞，好中球，好酸球，好塩基球，マスト細胞，巨核球，血小板，赤血球が，リンパ球系前駆細胞からナチュラルキラー（NK）細胞などの自然リンパ球，T細胞，B細胞，ナチュラルキラーT（NKT）細胞が作られる（図 1.9.1）。免疫細胞は自己と非自己（抗原）を区別する巧みな仕組みをもつ。病原体などに対する生体防御の際に，これら免疫細胞が中心となって生じる生理作用を免疫応答という。

■自然免疫 [1, 2]

　免疫は，自然免疫と獲得免疫に大別される異なる仕組みで成り立ち，それらの協調的な相互作用を介して病原体に対する感染防御を成し遂げる。病原体は

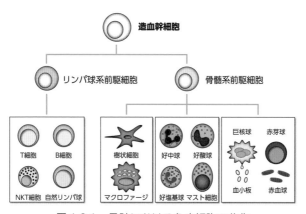

図 1.9.1　骨髄における免疫細胞の分化

外界と接している箇所から侵入する。外界と接する組織としては，皮膚，耳内，眼，口から肛門までの消化器，鼻から肺までの呼吸器や泌尿器・生殖器が該当する。ウイルスは，宿主の細胞膜上の受容体に結合して細胞内に侵入することで感染する。一方で，細菌や真菌などは，外界と接する組織の上皮細胞間の強固な接着分子で構成されるバリア機構により体内へ侵入できない。そのため，上皮細胞上で増殖するか，何らかの要因（バリアに関わる遺伝子変異による機能不全，界面活性剤やタンパク質分解酵素などの作用による細胞や接着分子の破壊など）によりバリア機構に破綻が生じた場合や組織傷害（外傷）などにより上皮細胞が破壊された箇所から体内に侵入して感染する。自然免疫は，病原体の感染の際，それら病原体を即時に除去するための免疫機構である。上皮細胞周辺には，病原体を即時に補足するセンチネル（歩哨・見張り）細胞としてマクロファージ，樹状細胞やマスト細胞が常在しており，自然免疫は，これら免疫細胞に加えて，血液中を循環している免疫細胞（マクロファージと同様に，病原体を貪食する好中球やNK細胞などの自然リンパ球）によって担われている。また，上皮細胞が産生する抗菌物質や血液中の補体成分といった液性因子も自然免疫時の病原体の排除に重要な役割を担っている。自然免疫応答に関わる免疫細胞は，さまざまなウイルスや細菌，真菌などの病原体がもつ共通の分子構造を認識することにより，それら病原体を異物・非自己として排除する。病原体がもつ共通の分子構造の総称を病原体関連分子パターン（pathogen-

表 1.9.1　PAMPs とその受容体

種	PAMPs	PRRs
細菌	リポ多糖（LPS）	TLR4
	リポタンパク，ペプチドグリカン	TLR2/1（ヘテロダイマー），TLR2/6, NOD1, NOD2
	フラジェリン	TLR5
	DNA	TLR9
	RNA	TLR7
ウイルス	DNA	TLR9
	RNA	TLR3, TLR7, TLR8, RIG-I, MDA5
	構造タンパク	TLR2, TLR4
真菌	ザイモザン，β-グルカン	TLR2, TLR6, Dectin-1
	マンナン	TLR2, TLR4
	DNA	TLR9
	RNA	TLR7

NOD1・NOD2 は NOD 様受容体ファミリーに属する。RIG-I, MDA5 は RIG 様受容体ファミリーに属する。Dectin-1 は C 型レクチン受容体ファミリーに属する。文献 3 より改編

associated molecular patterns：PAMPs），そして，PAMPs を認識する受容体の総称をパターン認識受容体（pattern recognition receptors：PRRs）と呼ぶ。PAMPs の代表的なものとしては，ウイルスの核酸（RNA や DNA），細菌の DNA や細胞壁構成成分（リポ多糖やペプチドグリカンなど），真菌の細胞壁構成成分（グルカンなど）が知られ，それらを認識する PPRs には Toll 様受容体（Toll-like receptors：TLRs），NOD 様受容体，C 型レクチン受容体，RIG 様受容体などが知られている（表 1.9.1）[3]。組織に常在するマクロファージなどが PPRs を介して，病原体由来の PAMPs を認識すると細胞間情報伝達因子であるサイトカインを産生する。サイトカインのうち，インターロイキン-1（IL-1）や IL-6，腫瘍壊死因子（TNF）は発熱を誘導したり，上皮細胞や血管内皮細胞に作用して，血液中を循環している好中球などを病原体の感染場所へ引き寄せる遊走因子ケモカインを産生させ，免疫細胞の増員をもたらす。体温の上昇は，病原体の増殖至適温度を変えて増殖阻害効果をもち，また，ウイルスに感染した自己細胞や細菌，真菌などを破壊するための酵素活性の増強作用をもつ。病原体の感染以外に，自然免疫が作動する状況として，病原体の感染を伴わない組織の物理的な傷害（外傷，火傷，褥瘡や虚血，毒性をもつ化学物質などの暴露）による細胞死（ネクローシス）が挙げられる。傷害によって上皮細胞などの組織細胞が破壊されると，細胞内からさまざまな物質が放出される。その中には，傷害関連分子パターン（damage-associated molecular patterns：DAMPs）と総称される分子群が含まれる（表 1.9.2）[4]。DAMPs は警鐘を鳴らす（alarm）分子「アラーミン（alarmin）」とも呼ばれ，細胞死を誘導する要因の存在を免疫細胞に知らせることで，免疫細胞や傷害組織周辺の細胞から細胞増殖因子の産生を誘導し，早急に組織の修復・再生を促す。

■獲得免疫 [1, 2]

　ワクチンは，無毒化・弱毒化した病原体や病原体の構成成分をあらかじめ摂取しておくことで，その病原体への感染を防ぐために開発された。史上初のワクチンの誕生は，1976 年に Edward Jenner が牛痘ウイルスに感染した牛の膿をヒトに接種することで類似ウイルスによる天然痘の発症を防ぐことに成功した例にさかのぼる。ワクチンによる感染症予防は，病原体に対する獲得免疫が確立されることにより成立する。獲得免疫は，T 細胞や B 細胞といったリンパ球が中心となって発揮される免疫応答である。自然免疫では，病原体に共通

表 1.9.2　DAMPs とその受容体

由来	DAMPs	受容体
顆粒	デフェンシン（α, β）	CCR2, CCR6, TLR4
	EDN	TLR2
核	HMGB1	CXCR4, RAGE, TLR2, TLR4, TLR9
	IL-1 α	IL-1R
	IL-33	ST2
細胞質	HSP	TLR2, TLR4, CD91
	S100	RAGE, TLR4
	ATP	P2Y2, P2Y6, P2Y12, P2X1, P2X3, P2X7
	尿酸	P2X7

EDN（好酸球由来ニューロトキシン）。HMGB1（high-mobility group box 1 protein）。CCR（CC ケモカイン受容体）。CXCR（CXC ケモカイン受容体）。RAGE（receptor for advanced glycan end-products）。文献 4 より改編

する決まった構造である PAMPs を免疫細胞が PRRs を介して病原体由来成分として認識するのに対し，獲得免疫では，T 細胞や B 細胞が理論上，病原体を構成するすべての抗原を認識することが可能な受容体（T 細胞および B 細胞受容体）を発現する仕組みをもって，その病原体に特異的な免疫応答が確立される。体内に病原体が侵入した場合，自然免疫によってその病原体の排除が始動する一方で，病原体の抗原が樹状細胞に取り込まれ，その樹状細胞はリンパ節に移動し，取り込んだ抗原を T 細胞に提示する。抗原を認識できる T 細胞受容体を発現している T 細胞だけが活性化し，増殖を始める。活性化したT 細胞は，サイトカインを分泌して他の免疫細胞の動員や活性化を促し，また，細胞傷害活性をもつ分子を分泌して，ウイルスなどに感染した細胞を殺傷するはたらきをもつ。B 細胞は，細胞膜上の B 細胞受容体に抗原が結合すると，その B 細胞受容体を抗体として，細胞外へ分泌するようになる。分泌された抗体は，その抗原をもつ病原体に結合し，それが目印となってマクロファージなどに貪食されたり，抗体と補体の複合体を形成したのち，補体系の活性化を介して病原体の除去に携わる。初めて抗原にさらされたときに起こる獲得免疫応答は一次免疫応答と呼ばれ，その抗原に反応した T 細胞や B 細胞は記憶細胞として長期に生存する。一次免疫応答を経験した後，再度，同じ抗原に暴露された場合は，記憶細胞が病原体の排除に対応するため，一次免疫応答よりも迅速かつ強力に免疫応答を誘導することができる（二次免疫応答）。ワクチン

の接種は，病原体に対する一次免疫応答を誘導し，記憶細胞を生み出すことで，それ以降の同一の病原体の感染に備える獲得免疫を利用した感染予防法の1つである。

（中江進）

参考図書・文献

1）Abbas, A.K., Lichtman, A.H., Pillai, S.：Cellular and Molecular Immunology NINTH EDITION, Elsevier（2017）

2）Murphy, K., Weaver, C.：Janeway's Immunobiology 9TH EDITION, Garland Science（2016）

3）Kawai, T., Akira, S.：*Immunity*, **34**, 637-650（2011）

4）Yang, D., Han, Z., Oppenheim, J.：*Immunological Reviews*, **280**, 41-56（2017）

1

分子・細胞・個体レベルで読み解く生命の仕組み

1.10　アレルギーの仕組み

■アレルギーとは

　我々の体に備わっている高度に発達した免疫システムは，ウイルスや病原性微生物に対する感染防御に必須の役割を担う。しかし免疫システムも完璧ではなく，人体に無害な物質にまで過剰に反応してしまう場合があり，この状態をアレルギー[1]と呼ぶ。生活環境中に存在するアレルギーを引き起こす物質はアレルゲンと呼ばれる。免疫システムがアレルゲンを生体にとって危険な異物として認識してしまうことがアレルギー反応の引き金となる。

　近年先進国を中心にアレルギー疾患が著しく増加している。一方で，自然と接する機会が多い生活習慣をもつ国ではアレルギー疾患の増加は軽微である。また農場などで育った子供たちは，衛生環境が整っている都会で育った子供たちよりアレルギー疾患になりにくいことも知られている。農場などでは細菌由来の物質を体に取り込んでしまうことが多く，これが免疫システムのバランスに影響し，アレルギー疾患になりにくい体質に誘導していると考えられている。幼少期の周囲の生活環境がその後の免疫系の発達に影響するという仮説は，衛生仮説と呼ばれる。先進国や都会の子供の免疫システムは訓練が不十分であるために，無害な物質に対しても本当の敵と遭遇したときのように振る舞ってしまう傾向がある。衛生仮説は様々な研究によりおおむね正しいとされているが，最新の研究では腸内細菌や食物由来の物質も免疫システムの発達やバランスに関与することが明らかになっている。乳幼児期のウイルス感染や寄生虫感染もアレルギー疾患の発症に関わることが知られている。アレルギー疾患の発症には幼少期の生活環境のみならず多くの要因があると考えられる。

■身近なアレルギー疾患

　花粉症やアトピー性皮膚炎，気管支喘息など現代に生きる我々は多くのアレルギー疾患に悩まされている。現在，日本ではおよそ3割の人が花粉症を患っている[2]。皮膚に湿疹ができてかゆみが繰り返されるアトピー性皮膚炎は年齢とともに減少する傾向があるが，大学生までの世代の約1割にみられる[3]。空

気の通路である気管支が狭くなって呼吸が困難になる病気である気管支喘息には，日本の成人の約1割の人が苦しめられている[4]。硬貨や身に着けるアクセサリーなどに含まれる金属が皮膚に接触し体内に侵入すると皮膚炎を起こす金属アレルギーもよく知られている。アレルギー疾患は決して軽症で済むものばかりではなく，時には致命的な状態を引き起こすアナフィラキシーに至る場合もある。スズメバチなどの昆虫に刺されて毒素が全身に回ってしまうと体中の免疫細胞が一斉に活性化してしまい，急激な血圧低下や呼吸困難に陥り死に至ることもある。鶏卵やピーナッツ，牛乳など学校の給食で問題となる食物アレルギーも命に関わる重大なアレルギー疾患である。

■アレルギー疾患の発症の仕組み

　気管支喘息のアレルゲンとしてよく知られるのが，家庭の塵やほこり，ダニの排出物や死骸を含むハウスダストやペットの毛などである（図1.10.1）。これらが気道から侵入すると上皮細胞が傷害されサイトカインが組織に放出される。サイトカインは，マスト細胞，好塩基球，好酸球，2型自然リンパ球（ILC2）

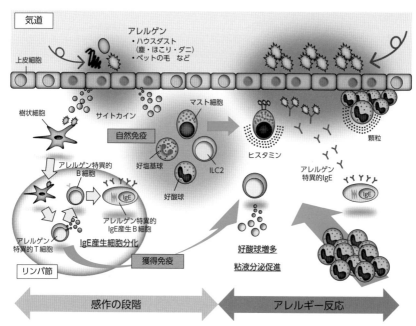

図 1.10.1　アレルギー疾患の発症メカニズム

などの自然免疫系の細胞を活性化する。これらの細胞による炎症反応は起こるが，アレルゲンが排除されると組織は修復され元通りになる。このときにサイトカインが樹状細胞に働きかけ体に入ってきたアレルゲンを補足しリンパ節へと移動する。リンパ節には獲得（適応）免疫の担い手であるB細胞やT細胞が多数待機している。移動してきた樹状細胞は多数のT細胞の中から補足したアレルゲンと反応できるT細胞を選別する。続いてこの選ばれたT細胞は同じアレルゲンを認識するB細胞を探し出して，免疫グロブリン（Ig）E（IgE）を生産するB細胞へと分化させる。このIgEは特定のアレルゲンにだけ結合できる特異的な抗体である。このようにIgEの準備が整った状態を感作という。感作が成立すると再び同一のアレルゲンが体内に入った場合に即座にアレルギー反応が起こる。アレルゲンとIgEは複合体を形成しマスト細胞を強力に活性化し，放出されたヒスタミンなどによってアレルギー反応が開始される。マスト細胞に加えてT細胞は炎症部位に移動しサイトカインを分泌しアレルギー反応を増強する。気管支喘息を悪化させる好酸球が集まってきて顆粒を放出したり，気道に多量の粘液が分泌されたりする。このようにアレルギー反応は無害な物質が免疫システムに記憶されることにより始まり，多くの種類の細胞や因子が関与する反応である。

■アレルギーの分類

　アレルギーはI型からIV型に分類される[5]が，IgEを介在するアレルギーはI型であり15〜30分で反応が起こる即時型のアレルギー反応である。上述した気管支喘息や花粉症，アナフィラキシーはI型のアレルギーに含まれる。II型アレルギーは体内に入ってきた物質が細胞表面の分子と結合しIgGやIgMというタイプの抗体と結合することによって起こる。抗体が結合した細胞はその後マクロファージなどによる攻撃の対象となり炎症が起こる。III型アレルギーはIgGやIgMと体外から入ってきた物質とが複合体を形成し血管などに沈着することにより起こる。沈着した複合体は好中球などの標的となり組織が傷害されてしまう。IV型アレルギーには抗体は関与せず，T細胞が主体となる。IV型アレルギーである金属アレルギー（アレルギー性接触性皮膚炎）では，ニッケルイオンが生体内のタンパク質を修飾する。この修飾を受けたタンパク質がT細胞によって認識されると分泌される種々のサイトカインによって激しいかゆみや痛みを伴う皮膚炎が起こる。

■アレルギー疾患の治療

　世界的にアレルギー疾患は急増しており治療薬の開発は切迫した課題である。アレルゲンを身の回りから完全に排除することが理想的であるが，現実的ではない。毎年飛散する花粉をすべて避けるのは不可能であるし，家の中のアレルゲンを完全に排除するのは重労働であり日々の生活に支障をきたす。そもそもアレルギー反応は我々の体を守るための反応であるため，アレルギー疾患の治療はむずかしい。また副作用を伴う場合も多い。たとえば免疫反応全般を抑える免疫抑制剤は細菌やウイルス感染が容易に起こる危険性がある。病気の状態に合わせて副作用を極力抑えながら治療は行われる。アトピー性皮膚炎や気管支喘息の治療には，免疫抑制剤であるステロイド剤や，マスト細胞が放出するヒスタミンやロイコトリエンの作用を阻害する薬が使われる。

　近年，標準的な治療薬に加えて多くの新薬が開発されている。化学的に合成された一般的な医薬品に対して生物学的な技術から得られた医薬品は特に生物学的製剤（バイオ製剤）と呼ばれ，特定の分子に対する抗体などが含まれる。アレルギー反応を引き起こすサイトカインであるインターロイキン（IL）-4（IL-4）やIL-13を標的とした生物学的製剤が成果を挙げている。IL-4とIL-13のレセプター（受容体）に対する抗体はアレルギー反応を抑え，アトピー性皮膚炎と気管支喘息の治療薬として使用されている。その他にも画期的な治療法の開発が進んでいる。飛躍的な発展を遂げている研究分野の1つが腸内細菌の研究である[6]。乳幼児期に特定の菌種が多く存在するとアレルギー疾患の発症リスクが高まることが知られている。そのために腸内細菌のバランスを整えアレルギー疾患の発症を抑制する方法が検討されている。過剰な免疫応答を抑えるT細胞の一種である制御性T細胞を利用する方法も発展している。アレルゲンを少量ずつ徐々に投与して体に慣れさせ，制御性T細胞を誘導する方法である。これは花粉症や食物アレルギーの根本的な治療法になる可能性を秘めている。これらの新しい治療法が一刻も早くアレルギー疾患で苦しんでいる人たちに届けられることが期待される。

（生谷尚士）

参考図書・文献

1 ）Murphy, K., Travers, P., Walport, M. : Janeway's Immunobiology SEVENTH

EDITION, pp.555-598, Garland Science（2007）

2）馬場廣太郎，中江公裕：Progress in Medicine, **28**, 2001-2012（2008）

3）山本昇壯：厚生労働科学研究「アトピー性皮膚炎の患者数の実態及び発症・悪化に及ぼす環境因子の調査に関する研究」平成 12-14 年度総合研究報告書（2003）

4）Fukutomi, Y., *et al.*：*International Archive of Allergy and Immunology*, **153**, 280-287（2010）

5）笹月健彦（監訳）:『エッセンシャル免疫学 第 3 版』，pp.398-399，メディカル・サイエンス・インターナショナル（2016）

6）長谷耕二：実験医学増刊（松本健治ほか 編），第 37 巻第 10 号，pp.35-41，羊土社（2019）

1.11 変異（突然変異）と生物多様性

■（突然）変異とは

　地球上には実に多種・多様な生物が生存し，それらが複雑な生態系を作っている。この多様な生物の出現の原動力は，DNA のミスコピーあるいは染色体上での構造の変異，つまり（突然）変異（mutation）から生じたものであるといっても過言ではない。この（突然）変異は，生物における各種の進化要因のうちで遺伝学の発達によってその本質が最も明らかになったものである。DNA レベルの（突然）変異［点（突然）変異や欠失，挿入，反復数の変化などミクロな変異，これを遺伝子（突然）変異という］と染色体レベルの（突然）変異［染色体上での欠失，重複，逆位，挿入および転座などマクロな変異，これを染色体（突然）変異という］がある。

　生物学的に受け継がれる形質（character）あるいは特質（trait）は，生殖を通じて親から子へと伝達される遺伝因子によって決められる。この遺伝因子を遺伝子（gene）と呼ぶ。遺伝の現象は古くから知られていたが，グレゴール・ヨハン・メンデル（1822 ～ 1884）が科学的手法を用い，1866 年に発表した論文「植物雑種に関する研究」およびその再発見（1990）によって遺伝の仕組みが明らかにされた。この論文ではメンデルの法則のもとになる 4 つの概念が提唱された。第一に「遺伝子型の相違は遺伝性形質の相違を引き起こす」。第二に「2 つのアレル（対立遺伝子）をもつ生物の各々の形質は，各々の親に由来する」。第三に「ある座（位）の 2 つのアレル型が異なる場合，その生物の外観を決定している方が顕性（優性）アレル（dominant allele）であり，生物の外観に注目に値する影響を与えない方を潜性（劣性）アレル（recessive allele）という」。第四に「遺伝性の形質を示す 2 つのアレルは配偶子形成過程中に分離し，別々の配偶子を形成する」。これらのモデルは，それぞれ顕性の法則（low of dominance），分離の法則（low of segregation）および独立の法則（low of independent assortment）として知られている。

　遺伝（heredity）とは，一般に親の形質が子やそれ以後の世代に受け継がれる現象を指す。高等動植物など真核生物の遺伝子は，細胞の核内にある染色体

の上に一定の配列順序で存在し，染色体は，その長さ，形，数など生物の種によって一定である。この染色体に含まれる遺伝子の本体が DNA（deoxyribonucleic acid）である。DNA の二重らせん（double helix）構造を明らかにしたのはワトソンとクリック（1953）であるが，特に DNA を構成する 4 種の塩基の配列順序が遺伝情報として重要なものである。この DNA の塩基配列は転写により mRNA（messenger RNA）に伝達され，さらに mRNA の配列情報が翻訳によってタンパク質へと伝達される。これをセントラルドグマ（central dogma）という。

　遺伝子（突然）変異は，二重らせんをなす DNA 鎖に各種の原因によって変異が起こることに起因する。DNA 鎖が複製して子孫の DNA 鎖が作られるとき，恒久的な変異として定着する。（突然）変異の性質のうちで，生物体が異なった環境にさらされたとき，それに適応するような（突然）変異が特に方向性をもって誘発されることはない。ここで「（突然）変異，すなわち著しい奇型」といった観念は間違っている。一方，（突然）変異は無秩序に生じるので，多くの（突然）変異は生物にとっては一般的に有害となる。これら有害な（突然）変異の多くは短時間のうちに消えていくので，長期的な進化には関与しない。DNA レベルでは中立（突然）変異の方が生物の生存に有利な（突然）変異よりもずっと多い。あるものは DNA にあるいは染色体に残り世代を重ねて遺伝して集団の中に広がっていく。生じた（突然）変異が生物集団の中でどのように増えたり減ったりするのか，集団遺伝学（population genetics）と呼ばれる分野で研究が進められてきた。

　（突然）変異は，生物要求とは無関係にランダムに生じる。たとえば，インフルエンザウイルスなどのように（突然）変異率が極めて高い場合もあるが，多くの生物種では極めて低く，1 世代で DNA1 塩基対あたり 10^{-8} から 10^{-9} 程の確率である。しかし 1 世代としては低い割合であったとしても，大きな遺伝的変異となることがある。これは，集団内の個体数が極めて多い場合，それぞれの個体で多数の遺伝子それぞれが変化することによる。（突然）変異（1 塩基の挿入，欠失，置換）が 1 世代で塩基対あたり 10^{-9} 確率で起こっていたとすると，30 億塩基対のヒトゲノムでは 1 個の配偶子（精子や卵子など単数体）が，30 億 $\times 10^{-9} = 3$ となり 3 個の新たな（突然）変異をもつことになる。よって 2 倍体の受精卵では 6 個の新たな（突然）変異を有することになる。これを世界の人口が 77 億人と考えると，全体で 462 億個もの（突然）変異として，1

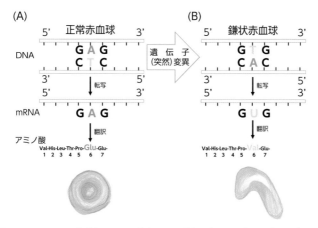

図 1.11.1　1 つ塩基の違い［遺伝子（突然）変異］で病気が起こる（表現型の変異）：鎌状赤血球貧血症の例　（A：正常赤血球，B：鎌状赤血球）

世代前にはなかった DNA 塩基配列の変化をもつことになる。したがって，ヒトの場合（突然）変異率が低いからといっても，人類集団全体では膨大な変異を有することとなる。

　形質の変異を伴う遺伝子（突然）変異の一例として鎌状赤血球貧血症がある。この疾病はマラリア耐性を付与するミスセンス（突然）変異が原因となる潜性形質の遺伝病の 1 つである。鎌状赤血球貧血症は，ヘモグロビン β 鎖約 300 アミノ酸のうち，正常なタンパク質鎖 6 番目のアミノ酸（グルタミン酸）をコードする第 2 コドンの塩基が A から T に置換することによりバリンに変化した点（突然）変異（point mutant）によって起こる（図 1.11.1）。この 1 塩基の変異により，正常な赤血球はドーナツ状である（図 1.11.1A）が，鎌状赤血球では異常なヘモグロビンが結晶化しやすい性質をもっているため一部の細胞は変化して最終的には鎌状となる（図 1.11.1B）。そのため毛細血管に詰まりやすく，酷い痛みを感じ，時に死に至ることもある。

　一方，マラリア原虫は鎌状赤血球に寄生しても十分増殖できない。そのためアフリカ熱帯のマラリア蔓延地域では通常の遺伝子と変異遺伝子とをヘテロにもつヒトがむしろ生存に有利になることがあり，アフリカではヘテロ接合体の頻度が他の地域よりも高いことが知られている。

■（突然）変異により多様な生物が生まれ，これらを我々ヒトは利用してきた

　現在，環境汚染などが原因で（突然）変異が起こることがあり，通常ならあり得ない形態あるいは形質をもった生物が誕生することがある。我々はそれを異常，つまり悪いイメージで考えがちである。しかし我々の祖先はこれらの変異体を有効に活用し，食生活を豊かにしてきた。今日までに「品種改良」や「育種選抜」によって卵をたくさん産むニワトリ，良質の肉を生産するブタ，ミルクをたくさん出すウシ等を作出し，これらをさらに育種改良してきた。このように，我々は育種選抜により多様な生物を作り出し，利用することにより，我々の生活を豊かにしてきた。また，生態系においては豊富な生物多様性（biodiversity）に繋がる。これら（突然）変異（体）はそのための原動力となっている。

（西堀正英）

参考図書・文献

1）キャンベル，N.A.，リース，J.B.（小林興 監訳）：『キャンベル生物学』，丸善出版（2007）
2）ハートル，D.L.，ジョーンズ，E.W.（布山喜章，石和貞男 監訳）：『エッセンシャル遺伝学』，培風館（2005）
3）大江秀房：『早すぎた発見，忘られし論文』，講談社（2004）
4）Watson, J.D., Crick, F.H.C.：*Nature*，**171**，737-738（1953）
5）ジェームス・D・ワトソン，アンドリュー・ベリー（青木薫 訳）：『DNA（上）二重らせんの発見からヒトゲノム計画まで』，講談社（2005）

1.12　動物の情動と防衛行動

■情動

　情動は，個体にとって重要性の高い状況で引き起こされる身体反応（情動表出）と情動体験である。ヒト以外の，主観的な気付きを報告できない動物における情動体験がどのようなものかは明らかではない。一方，自律神経反応や姿勢変化などを含む情動表出は，魚類からヒトに至るまで様々な脊椎動物で観察可能である。ダーウィンは，ヒトを含む脊椎動物の情動表出には共通性があり，情動は動物が生き延びるうえで合理的な機能をもっているとした（図 1.12.1）。また，情動体験と情動表出とは互いに影響し合うことがわかっている。情動と似た心的機能として感情があるが，感情とは，ある経験において生じる主観的で意識化された内容を示すといえる。

　情動の生物学的機能は次の4つに集約される。①意思決定と行動の動機付け。②心的，身体的な資源の選択と集中。③姿勢や生理状態の適切化。④表情・姿勢や発声による情報伝達。

　多くの動物に共通する基本的な情動には，恐怖，不安，怒り，驚き，嫌悪，喜び，があるといわれる。これらは単独で発現するだけでなく，重複してより複雑な情動状態を作り出す。無脊椎動物においても，生物学的に重要な状況への対処において，情動に類する機能が関わっていると考えられる。

　かつては，脳の原始的な領域が情動を担うと考えられていた。しかし現在では，脳の特定の部分が進化的に古いわけではなく，脊椎動物の脳の基本構造は共通であることがわかっている。そして，情動全般を担っている1つの脳領域があるというより，いろいろな情動に応じた機能的単位が，それぞれ独自にあるいは重複して情動を作り出しているのである。

　情動のうちでも，不安や恐怖などの不快情動は，捕食者から身を守り，生き残るためになくてはならないものである。そのため，これらの情動が強く関わる防衛行動に注目して，以下に解説する。

図 1.12.1　イヌに対して強く怯えつつ敵対的な体勢を示すネコ。この体勢は，子ネコどうしの遊びにも取り入れられる〔(Darwin "The expression of the emotions in man and animals"(1872) より)〕。

■防衛行動と不安・恐怖

　動物は常に，捕食者からの攻撃の危険にさらされている。捕食者との遭遇可能性が高まったとき，さらには実際に攻撃を受けたときに発現する行動が防衛行動である。防衛行動は，種を超えて広く認められる一連の段階すなわち防衛カスケード（defense cascade）（図 1.12.2）に従って発現することが多い。捕食者からの攻撃が急激かつ苛烈である場合には，カスケードのあるステップを飛ばして，より強い次の段階の防衛行動をとることもある。

　防衛カスケードの進行は，不安の惹起とそれに続く恐怖レベルの上昇と同調している。不安と恐怖はどちらも不快情動に含まれるが，次のように区別されている。すなわち，不安は，捕食者の存在可能性が高まるなど，非特異的で明確に予期できない脅威によって引き起こされる。また恐怖と比較して長く持続する情動である。これに対し，恐怖は捕食者の存在など直近の脅威を知覚もしくは予期した際に惹起される情動で，恐怖の対象がなくなれば消失する。また，両者は少なくとも部分的に異なる神経機構をもつ。たとえばラットを用いた研

究では，捕食者の存在可能性による不安行動は，ある種の抗不安薬の投与により抑制されるが，捕食者を明確に認識することによる恐怖反応に対しては，この抗不安薬が効きにくいことが示されている。

■防衛カスケード

　動物は，その生残に関わるような何らかの刺激を察知すると，それまで行なっていた動作を止め，状況を評価する。これが，防衛カスケードの第1段階としての定位反応である（図1.12.2）。定位反応を引き起こすような刺激には，音，におい，振動など様々な新奇な刺激の他，それまで続いていた刺激の突然の停止も含まれる。定位反応においては，姿勢の安定や筋緊張が生じ，周辺の情報を最大限集めるため，感覚が鋭敏化する。また，呼吸や心拍の頻度低下を伴うことが多い。定位反応における不動状態は，捕食者に発見される危険性を低下させるのにも役立つ。

　情報収集の結果，定位反応の原因となった刺激が無害であると評価されると，動物は以前の行動に戻る。一方その刺激が捕食者の接近などの脅威に起因することがわかった場合には，次の防衛行動段階である逃避もしくはフリージングが起こる。捕食者との距離，捕食者にすでに発見されているか，逃げ道はあるか，など，そのときの状況が，逃避かフリージングかの選択に影響する。

　フリージングは，動物が動きを止めてじっとしているという点が定位反応と共通しているが，それぞれの機能は異なっている。定位反応においては，多くの場合立ち上がって刺激源に向き合うような姿勢をとり，情報収集を最大化する。一方フリージングは，縮こまった姿勢で，捕食者による発見可能性を最小化する行動である。しかしながら，フリージングは単に無防備な不動状態というわけではない。むしろ，捕食者との遭遇に備えて覚醒度を高め，次の対応の準備をしている状態といえる。内的には，脅威となる対象を知覚することにより惹起される恐怖情動がフリージングの基盤となっている。また，同一種内においても，個体差もしくはパーソナリティ[1]が，それが生得的なものであれ経験依存的なものであれ，恐怖反応の程度や態様に影響する。フリージングは，捕食者を認知するといった中程度の恐怖レベルにおいて生じることが多いが，強い不安状況においても発現することがある。

　逃避やフリージングが不成功に終わり，捕食者からの攻撃を受けるに至った場合，次の段階として「闘う」（防衛的闘争）か「擬死行動[2]」をするかの選

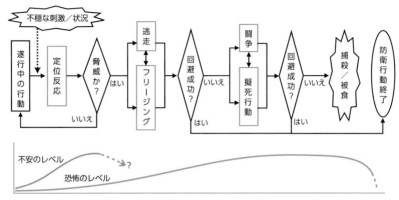

図1.12.2　防衛カスケードとそれに対応する不安・恐怖情動。逃走・フリージングへの移行後の不安情動のレベルは不定。

択になる。闘争の結果，逃走（あるいは撃退）に成功することもあるが，それも叶わない場合にはやはり擬死行動が生じる。擬死行動は，極度の恐怖と反射により引き起こされる不随意反応で，不動状態と刺激に対する反応性の顕著な低下が認められる。また，筋反応としてカタレプシー[3]が，自律神経反応として心拍・呼吸の減少が生じることが多いが，動物種によってその様相は異なる。人為的に，特定の体位で動物を一時的に拘束することにより擬死行動を誘導することもできる。魚類では防衛行動としての擬死行動の報告例は少なく，また人為的に誘導した擬死行動の場合には，カタレプシーではなく，筋緊張の低下が生じることが多い。人為的な擬死行動の誘導は，大型のサメにタグ装着等の操作を加える際などに，麻酔の代わりとして利用されている。

　捕食者から身体的な接触を伴うような強い攻撃を受けたとき，被食者が生き延びる機会は多くない。被食者の不動化により，捕食者が興味を失う，あるいは，獲物をとらえている顎の力を緩める，といった状況となれば，これがさらなる攻撃を逃れる最後の機会となろう。

　ある種の魚類においては，捕食者による擬死行動が報告されている。これはいわゆる「攻撃的死にまね」といえるような行動で，自分が死んだ魚のように振る舞い，それを食べようと接近した小魚を捕食するのである。

（吉田将之）

脚注
(1) パーソナリティ：行動や認知などに時間的・空間的一貫性を与えているもので，

環境との関わりにおいて個体ごとに特長づけられる特性。

(2) 擬死行動：魚類を含む多くの脊椎動物で発現する，防衛行動の最終段階としての不動状態。昆虫でも顕著。捕食者からの攻撃を回避する機能をもつ。北アメリカオポッサムやシシバナヘビなどでみられる「死にまね」が有名。

(3) カタレプシー：強硬症とも呼ばれる。外部から加えられた力により受動的にとらえられた姿勢や四肢の位置をそのまま保つような筋緊張の状態。

参考図書・文献

1）エドムンズ，マルコム（小原嘉明，加藤義臣 訳）:『動物の防衛戦略』，培風館（1980）

2）グリフィン，ドナルドR（長野敬，宮木陽子 訳）:『動物の心』，青土社（1995）

3）ダーウィン，チャールズ（浜中浜太郎 訳）:『人及び動物の表情について』，岩波書店（1991）

4）渡辺茂，菊水健史 編:『情動の進化』，朝倉書店（2015）

1.13 極限環境の生物たちとオミックス

■極限環境とは

　温度や塩分などの生息条件が一般的な生理学的範囲から外れた生息環境を極限環境という。温泉や塩湖，深海，南極，砂漠など多種多様な極限環境が知られていて，それらの環境に生息する生物を極限環境生物という。極限環境生物には「極限環境に耐えるもの」と「極限環境を好むもの」がいる。そもそも極限環境という考え方が人間中心的で，極限環境を好む生物から見たら，人間が生息している環境のほうが極限的かもしれないのだ。

　温度や pH などの生存条件について生物が増殖できる限界値を表 1.13.1 にまとめた[1]。これらは現時点での記録値であり，主に微生物，特に原核生物（細菌と古細菌）が記録保持者である。これらの多くは極限環境微生物であるが，水圧は大腸菌，重力は土壌細菌が記録保持者であることは興味深い。今後，記録が更新されるとしても，やはり原核生物によって更新される可能性が高い。

　これらの生物が有する耐性や特性は生物学的に興味深いだけでなく，バイオテクノロジーへの活用も期待されている[2]。しかし，これらの生物の多くは飼育・栽培・培養が困難なので，生物学的に興味深い特性があるとわかっていても，その大部分は未解明のまま残されている。それでも，ゲノムやトランスクリプトームやプロテオームなど，いわゆるオミックスの進展により，それらの生物の特性も解明されつつある。

表 1.13.1　それぞれの生息条件で生物が増殖できる限界値の記録[1]

環境条件		記録値	生物
温度	高	122℃	*Methanopyrus kandleri* 116（古細菌）
	低	− 15℃	*Planococcus halocryophilus* Or1（細菌）
pH	酸性	− 0.06	*Picrophilus oshimae* DSM9789（古細菌）
	アルカリ性	12.5	*Serpentinomonas* sp. B1（細菌）
塩分		35%	*Halarsenatibacter silvermanii* SLAS-1（古細菌）
水圧		2万気圧	*Escherichia coli* K-12 MG1655（大腸菌，細菌）
重力		4万 G	*Paracoccus denitrificans* ATCC17741 (細菌)
放射線		3万グレイ	*Deinococcus hohokamensis* KR40^T（細菌）

1

分子・細胞・個体レベルで読み解く生命の仕組み

■オミックスとは

　オミックスとは生体物質の総体を網羅的に調べることである。よく対象になるのは，遺伝情報の発現に関するセントラルドグマすなわち DNA → RNA →タンパク質の各過程で，ゲノム DNA の総体を調べるゲノミクス，転写産物であるメッセンジャー RNA の総体を調べるトランスクリプトミクス，翻訳されたタンパク質の総体を調べるプロテオミクスなどがある（図 1.13.1）。

　さらに，環境中の複数の生物種を個々に分離することなく生物群集（生物相）の全体としてオミックスを適用することもある。その場合，「高次」を意味する「メタ」を付けてメタオミックスという。その 1 つであるメタゲノミクスはすでに標準的な研究ツールになりつつあり，ウェブ上の一般公開サーバー MG-RAST には 44 万件以上ものメタゲノムが登録され（2020 年時点），誰でも自由に使うことができ，解析プログラムも提供されている。オミックスおよびメタオミックスは極限環境生物の研究における重要な分析ツールなのである[3]。

　オミックスやメタオミックスを支える新技術の 1 つに DNA・RNA の塩基配列を高速で決定する次世代シーケンサーがある。ヒトゲノム（30 億塩基対）程度なら 1 時間で解析し，大多数のサンプルについてトランスクリプトミクスを行える。さらに，セントラルドグマの下流にある代謝産物（メタボライト）の総体であるメタボロームについてメタボロミクスという研究手法も発展している。これらのオミックス手法を用いて極限環境生物の特性がわかってきた例を以下に挙げる。

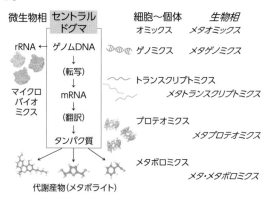

図 1.13.1　個々の細胞や生物の生体物質を網羅的に調べるオミックスと環境中の複数生物種の生体物質を網羅的に調べるメタオミックス

■放射線耐性菌

　極限環境生物の特性がゲノミクスでわかった例として，放射線耐性菌の例を挙げよう。人間は 5 グレイの放射線を浴びると死んでしまう。宇宙空間にさらされても死なないクマムシ（緩歩動物）も 4,000 グレイで死んでしまう。ところが，15,000 グレイもの高線量を浴びても生存できる放射線耐性菌がいる。缶詰を放射線滅菌する研究施設で発見されたデイノコックス・ラジオデュランスという細菌である。この細菌は細胞あたり 4 コピー以上のゲノムをもつことが特徴であり，そのゲノミクスからわかった興味深い点として，陸上植物と同じ乾燥耐性遺伝子を有することがある。DNA は乾燥によっても損傷するので，それを修復する能力を植物から遺伝子の水平伝播で獲得したことが示唆される。また，このゲノムには短い繰り返し配列が多いことも特徴で，放射線で二本鎖 DNA が損傷しても繰り返し配列を使った一本鎖対合で急速に修復することができる。さらに，ゲノムが 4 コピー以上あるので，鋳型が多いほど効果を発揮する相同組換えでどんどん修復できる。これらの特徴が放射線耐性に寄与していることが，ゲノミクスでわかったのである。

■南極海のコオリウオ

　南極大陸を取り巻く南極海（南氷洋，南大洋）はもちろん冷たい海である。ただし，南極が現在のように冷たくなったのは今から 3,000 万年前のことで，南極の生物が低温適応したのもその間のことである。南極海に生息するコオリウオ類の魚類は特に興味深い進化を遂げた。血液中に不凍タンパク質あるいは氷構造化タンパク質を含むことによって体液が凍ることを防いでいるのだ。また，冷たい海水ほど酸素がたくさん溶け込んでいるので，コオリウオは自然と体内のすみずみまで酸素が行きわたり，酸素を運搬する血色素ヘモグロビンがなくなってしまった。つまり，コオリウオの血は赤くない。このコオリウオ類 3 種について mRNA のトランスクリプトミクス解析をしたところ，温かい海の魚類に比べてユビキチン結合性タンパク質の遺伝子が多く発現していることがわかった。ユビキチンといえば，2004 年に「ユビキチン依存性タンパク質分解系」の発見にノーベル化学賞が与えられたことが思い出されるが，ユビキチンの機能は分解だけでなく多岐にわたる。その 1 つとしてタンパク質の構造安定化による機能維持がある。おそらくコオリウオでも低温でのタンパク質の

図 1.13.2 深海生物チューブワーム。化学合成独立栄養細菌が体内共生している。

機能維持にユビキチンが役立っているのだろう。

▢深海生物チューブワームと共生細菌

特異な種が多い深海生物にあって際立っているのは「ものを食べない動物」チューブワーム（環形動物）であろう[4]。化学合成独立栄養細菌を体内に共生させることで，自分では栄養を摂らずに生活する不思議な動物だ。深海の海底火山に群生するチューブワームのリフチア・パキプチラ（図 1.13.2）が発見されてから 40 年以上経つが，その共生細菌の培養はまだ成功していない。しかし，密度勾配遠心で共生細菌を単離することでゲノミクスができ，暫定的にエンドリフチア・ペルセポネという名前が付けられた。またプロテオミクスにより，細胞質タンパク質の 12% がイオウ酸化に関わっていること，そして，二酸化炭素の同化に一般的なカルビン回路だけでなく還元的 TCA 回路も関わっていることがわかった。さらに，共生細菌は酸素を使う好気呼吸だけでなく，硝酸を使う嫌気呼吸もすることがプロテオミクスから示唆された。培養できなくても，ここまでわかることがオミックスの強みである。

（長沼毅）

参考図書・文献

1）Merino *et al.*：Living at the extremes: Extremophiles and the limits of life in a planetary context, *Front. Microbiol*, **10**：780. DOI：10.3389/fmicb.2019.00780（2019）

2）長沼毅：『死なないやつら』，講談社（2013）

3）長沼毅：「極限環境生物学における最近の進展─新発見とオミックスを中心に」，生物の科学 遺伝，**70**(3)，78-183（2016）

4）長沼毅：『深海生物学への招待』，幻冬舎（2013）

1.14 ゲノム編集とは何か

　この項を執筆している 2020-2021 年は，SARS-CoV2（新型コロナウイルス）の世界的なパンデミックの影響で，大変な年となった。そんな中，2020 年のノーベル化学賞は，2 名の女性科学者に贈られた。1 人は，Emmanuelle Charpentier 博士，もう 1 人が Jennifer A. Doudna 博士である。さて，その受賞理由をノーベル財団のホームページから引用すると「The 2020 Nobel Prize in Chemistry is awarded to Emmanuelle Charpentier and Jennifer A. Doudna "for the development of a method for genome editing"」である。和訳すると，「ゲノム編集（genome editing）の方法を開発したため」である。ゲノム編集は，今後の生命科学，医学や農学の分野で必ず必要な手法になることから，本節ではゲノム編集とは何かを理解するために必要な基本的な部分を概説する。

■ゲノムとは

　ゲノムとは，遺伝子（gene）と染色体（chromosome）を組み合わせた造語であり，生物がもつすべての遺伝情報のことを意味する。これは，真核細胞では，すべて核内に収められている。

■ゲノムは損傷する

　ゲノムを構成する DNA は，二重らせん構造をもつ。これは，生命体の設計図であることから非常に安定した構造体であるが，時としてこれらは損傷してしまう。たとえば，私たちが紫外線を浴びると日焼けを起こすが，これもゲノムの損傷の 1 つである。細胞は，紫外線や放射線により常に損傷しているわけである。では，ゲノムの損傷とは，具体的にどのようなことを指すのか。DNA は，デオキシリボース，リン酸と塩基（A, G, C, T のいずれか）が鎖状につながり，もう一方で塩基の相補鎖が結合し，2 本鎖（二重らせん構造）を形成している。ゲノムの軽度な損傷では，この 2 本鎖のうち，片方の鎖を切ってしまう。これに対して，強い紫外線や放射線，もしくは長時間の暴露によっては，2 本差切断（double strand break：DSB）が起こり，重度な損傷となる。

図 1.14.1　ゲノムの損傷と修復

DSB は，紫外線や放射線以外にも喫煙，活性酸素や化学物質の作用によっても引き起こされる。

■ゲノムは修復される

　では，損傷したゲノムはどうなるのであろう。ゲノムが損傷するということは，遺伝情報が壊れることを意味しており，生物にとっては致命傷になりかねない。そこで私たちの細胞は，損傷したゲノムを修復する機能をもっている。修復の過程は，大きく分けて 2 つの方法が用いられている。1 つは，相同遺伝子組換え（homologous recombination：HR）と呼ばれるもので，真核生物の配偶子形成の減数分裂時に起こる乗換えとしても知られている。もう 1 つは，非相同末端結合（non-homologous end joining：NHEJ）と呼ばれるもので，DNA の切れた末端を直接つなぎ合わせるものである。損傷したゲノムはこのような機構により，修復され正常に戻るわけである。

■重度な損傷ではエラーが起こる

　私たちの細胞は，ゲノムの損傷に対して，有効な修復機構をもっているが，たとえば強烈な放射線を浴びた場合などでは，修復が間に合わず，エラー（塩基の欠失や挿入）を起こしてしまう。では，修復エラーを起こした細胞はどうなるのであろう。ゲノム上にある塩基配列は，単にタンパク質の設計図だけではなく，様々な遺伝子の発現調節にも関与している。そこにエラーが生じれば，

ヌクレアーゼ

狙った位置でDSBを誘導

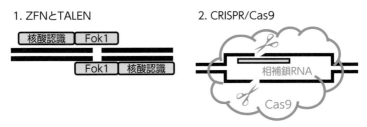

図 1.14.2　ゲノム編集の原理と種類

細胞は恒常性が維持できなくなり，死滅してしまうだろう。運良く，生じたエラーがなんの影響も及ぼさない場合は，細胞はエラーを保持したまま，生き続けるであろう。また，細胞はその増殖を厳密に制御しているが，この制御の部分にエラーが生じれば，細胞は暴走し，がん化してしまうであろう（図 1.14.1）。一方で人類は，このエラーを巧みに利用し，動植物の品種改良に利用してきた。

■ゲノム編集とは何か

　従来の品種改良は，自然発生的もしくは人為的に放射線等でゲノムにエラーを誘発し，目的に沿った品種へ改良してきた。しかし，このゲノムのエラーは，どこでどのように何箇所で生じたのか，特定することが困難であり，また多くの遺伝的な要因が複雑に関与するため，新品種の創出には，多くの時間と労力が必要であった。そんな中，2005 年に zinc-finger nuclease（ZFN）という部位特異的にゲノムに変異を導入する方法が報告された。これは特定の DNA に結合する，zinc-finger というタンパク質を改変して，任意の DNA に zinc-finger を結合させ，そこに同時に Fok1 というヌクレアーゼ（核酸分解酵素）を作用させ，任意の位置に DSB を断続的に誘導する方法である。DSB は，細胞内の修復機構により正常に戻されるが，断続的な切断により修復中にエラー

が生じるわけである。その後，同じ機構を利用し，transcription activator-like effector nuclease（TALEN）が 2011 年に報告されると，この編集技術が徐々に基礎研究から応用研究に活用されるようになった。そしてついに，2015 年に先に記述したノーベル化学賞の受賞につながった CRISPR（Clustered Regularly Interspaced Short Palindromic Repeats）/Cas9（Crispr ASsociated protein 9）が報告され，ゲノム編集技術が一気に世界を席巻することになった。では，ゲノム編集技術のそれぞれの違いを見てみよう。ZFN と TALEN は基本的に同じ仕組みであり，DNA 結合タンパク質を編集したい核酸配列に結合できるようにアレンジしたのち，結合したタンパク質の領域で Fok1 ヌクレアーゼを作用させるものである。ZFN の場合は 3 塩基ごと，TALEN の場合は 1 塩基ごとに結合タンパク質を調整できるため，TALEN の方が様々な核酸の配列に適応可能となり，ゲノム編集が一気に脚光を浴びることになった（図 1.14.2）。しかし，その後，細菌の生体防御機構として発見されていた CRISPR/Cas システムを応用したゲノム編集技術が，冒頭の 2 名の科学者により報告され，ゲノムの編集技術が多くの生物種に応用されることになった。CRISPR/Cas システムは，ZFN や TALEN とは異なり，標的領域の認識に相補的な核酸を利用しており，システム設計（準備物）が簡便であり，導入しやすいこと，また Cas の特性上，様々なゲノム領域に DSB を誘導することが可能だったため，現状，ゲノム編集 = CRISPR/Cas システムとなっている。

■農学分野へのゲノム編集技術の応用

　ゲノム編集技術は，生物の遺伝情報に対して，目的の位置に任意に改変を導入することが可能であるため，さまざまな分野への応用が期待されている。特に農学分野では，品種改良に要する期間と労力の軽減や付加価値をもたせた農畜産物の生産への応用が期待されている。たとえば，ジャガイモでは芽に付随するソラニンとうい毒素を作らないような改変，トマトでは GABA 分解酵素の改変により GABA 豊富なトマトの実用化が注目されている。動物では，筋肉の増殖制御因子（ミオスタチン）の改変により，肉付きの良い養殖魚の育成や，広島大学では，鶏卵中のアレルゲンを無くす技術への応用が展開されている。

■今後，必要なこと

　現在，私たちは急激な地球環境の変化や感染症への対策が求められている。これらの問題を含めて国連では，2015年に，2030年までに世界が取り組むべき17の目標として，持続可能な開発目標（Sustainable Development Goals：SDGs）を採択した。ゲノム編集は，SDGsを実現する上で重要な技術の1つとなるであろう。私たちは，ゲノム編集技術を正しく理解し，安全にかつ正しく利用していかなければならない。

（堀内浩幸）

参考図書・文献

　1）山本卓：『ゲノム編集とはなにか』，講談社（2020）
　2）Kursad Turksen：Genome Editing，Springer（2018）
　3）Japan SDGs Action Platform, https://www.mofa.go.jp/mofaj/gaiko/oda/sdgs/about/index.html

2

陸の生物生産

2.1 土壌の役割

■土壌とは

土壌は，陸地の表層にあり，岩石の風化や堆積作用と生物の活動により長い期間をかけて生成した粒状物質で，造岩鉱物，粘土鉱物，有機物などからなる固相，土壌水を含む液相，土壌空気を含む気相の三相から構成されている。固相は土壌の骨格を形成し，固相間の孔隙を液相と気相が占める。植物の根は孔隙を通して伸長し，孔隙中には多種多様な土壌微生物が生息している。

■土壌の機能

土壌は，養水分を保持・供給し，支持基盤として植物生産を支え，陸上生物を育んでいる。植物の必須元素のうち，炭素（C），水素（H），酸素（O）は大気中の二酸化炭素（CO_2）と土壌水（H_2O）から得られ，その他の元素は土壌成分から供給される。また，土壌微生物に生息環境を提供することで，生物遺体や排泄物などの有機物や農薬などの有機化合物を分解し，環境保全や物質循環に貢献している。さらに，水循環を司る経路として生物生産や物質循環の調節を行うとともに，大気とのガス交換によって大気組成を維持している。

■土壌の性質

養分保持・供給，pH，pH 緩衝作用，酸化還元反応などに関わる化学的な性

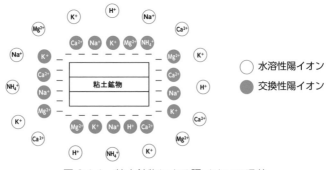

図 2.1.1 粘土鉱物による陽イオンの吸着

質には粘土鉱物，有機物，土壌微生物が主たる役割を担っている。粘土鉱物は，造岩鉱物が長期にわたる風化・変成作用を受けて変質あるいは新たに生成した微細な鉱物で，高い比表面積をもち，通常，負の電荷を有しているため，水分の保持やイオンの交換・吸着に寄与する。植物の養分である，NH_4^+，K^+，Ca^{2+}，Mg^{2+} などの陽イオンの吸着・保持は，電荷を有するイオン交換基に対するイオン交換反応によるもので，植物はこれらの養分を吸収することができる（図 2.1.1）。しかし，NO_3^-，SO_4^{2-}，Cl^- などの陰イオンは吸着・保持されにくく雨水などにより溶脱しやすい。ただし，陰イオンであっても PO_4^{3-} に関しては粘土鉱物と配位子交換反応による強い吸着をする。この反応は PO_4^{3-} の固定とも呼ばれ，土壌中の P の植物による利用性は低い。有機物は微生物によって分解され，難分解性のリグニンを中心に，種々の有機成分が反応，重縮合して，黒褐色の高分子有機物である腐植が生成する。腐植は負電荷をもった官能基を有しており，イオン交換反応により陽イオンを吸着・保持する。粘土鉱物や腐植のイオン交換基は，pH に対する緩衝能を有し，土壌 pH の変化を抑制して植物や土壌微生物の生育環境を維持する。さらに，有機物はそれ自身が養分を含み，分解に伴い徐々に養分を供給して植物や微生物の生育を促進する。また，酸化還元反応による C，N，S，Fe，Mn などの元素の形態変化には土壌微生物が関与している。一方で，粘土鉱物，腐植，微生物の生産物や菌糸などは，砂やシルトなどを連結して土壌粒子の集合体である団粒の形成を促進する。団粒化すると団粒間に大きな孔隙，団粒内に小さな孔隙ができて，土壌の構造，保水性，通気性，透水性などの物理的な性質が改善され，植物の生育を良くする。

■土壌微生物

　土壌中には，細菌，糸状菌，藻類などの土壌微生物が多数生息している。肥沃な土壌の表層には，1g あたり数億から数十億の微生物が存在している。土壌微生物は，有機物の分解・無機化や物質の形態変化などを通して，植物への養分供給に寄与している。また，土壌微生物自身が植物養分の保持・供給の役割も果たしている。土壌微生物体の総量あるいは微生物体に含まれる元素量を表したものを土壌微生物バイオマスと呼び，土壌微生物バイオマス N，P，S などの養分は，微生物の死滅後に無機化されて植物に養分として供給される。土壌微生物は，耕地はもとより，地球上のあらゆる土壌環境に適応して，物質

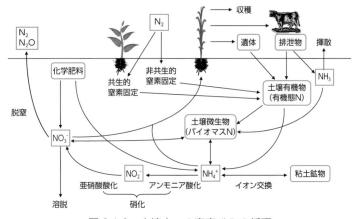

図 2.1.2 土壌中での窒素 (N) の循環

循環の要としての役割を果たしている。

■窒素の循環

　土壌の窒素 (N) は，マメ科植物に共生した根粒菌やその他の窒素固定細菌などによる大気からの窒素固定や化学肥料，家畜排泄物，植物残渣，堆肥などから供給される（図 2.1.2）。土壌有機物中の有機態 N は土壌微生物による分解を受け，一部は土壌微生物に取り込まれてバイオマス N となり，一部は無機化して NH_4^+ となる。NH_4^+ はアンモニア酸化細菌により NO_2^- へ，そして亜硝酸酸化細菌により NO_3^- へ形態変化する。これらの2つの過程を硝化という。嫌気的状態になった場合には，NO_3^- は NO_2^- を経て N_2O や N_2 などの気体へと還元され大気中へ揮散する。この過程を脱窒と呼び，関与する微生物が脱窒菌である。化学肥料由来の NH_4^+ や NO_3^- も同様の形態変化をする。土壌微生物バイオマス N は無機化して NH_4^+，NO_3^- となり，植物や微生物は NH_4^+，NO_3^- を吸収・同化して再び有機態 N を合成する。土壌中の N は，NO_3^- として溶脱しやすいため，N を保持・供給する土壌微生物の役割は大きい。

■リンの循環

　土壌中のリン (P) は，化学肥料，家畜排泄物，植物残渣，堆肥などから供給され，有機態 P，無機態 P，土壌微生物バイオマス P の3つに大別できる（図2.1.3）。無機態 P は，Ca，Al，Fe 塩などのリン酸塩，粘土鉱物に吸着された

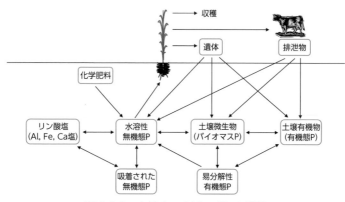

図 2.1.3　土壌中でのリン (P) の循環

Pなどの難溶性Pと水溶性Pに分けられる。無機態Pの大部分は難溶性であり，植物や微生物が吸収可能な土壌溶液中の水溶性Pの濃度は非常に低く，養分としての供給量が少ない。植物の吸収による水溶性P濃度の低下に伴って難溶性Pの一部は少しずつ溶解してくる。有機態Pの多くはフィチン酸で，粘土鉱物に吸着した難分解性有機態Pである。土壌微生物バイオマスPは全Pの約1～2%程度であるが，土壌に吸着されやすいPを吸収してバイオマスPとして保持し，死滅にともない無機化されたPが植物に供給されるので，土壌微生物の植物へのP供給に果たす役割は大きい。有機酸を生産して難溶性Pを溶解したり，酵素により有機態Pを無機化したりする微生物の作用がPの溶解や供給を促進している。

■土壌の保全

　土壌が生成するには長い年月を要するが，適切な利用・管理がなされなければ短期間で失われてしまう。土壌は決して無限な資源ではない。土壌の役割を良く理解し，土壌資源を有効に利用し，かつ適切に保全することが望まれる。

（長岡俊徳）

参考図書・文献

　1）久間一剛 編：『最新土壌学』，朝倉書店 (1997)
　2）三枝正彦，木村眞人 編：『土壌サイエンス入門』，文永堂出版 (2005)

68

2.2　作物の根の構造と機能

■根の構造

　根は，植物体を大地に固定し，地上部を支え，土壌から水分や養分を吸収する役割を担っている。陸上に進出した植物が地中に根を張るようになったのは，コケからさらに進化したシダ植物になってからである。根から吸収した水や養分を，維管束を通して地上部に効率的に輸送できるようになって初めて植物は陸上での繁栄が可能になった。

　根の基本構造は植物種を超えて保存されており，先端から基部（茎に近い方）に向かっていくつかの領域に分けられる（図 2.2.1 左）[1]。根の先端は根冠に覆われており，基部に向かって細胞分裂帯，伸長帯，成熟帯に分けられる。根冠は根の成長に際し，大事な根端分裂組織を土の中で守りながらかき分け進んでゆくための器官である。細胞分裂帯では，根端分裂組織で生まれた若い細胞がさらに分裂を繰り返している。伸長帯では，分裂を終えた細胞が急速に伸長成長している。伸長帯の上部にある成熟帯では，伸長成長を終えた表皮細胞の一部から根毛が出現し始める。根毛の出現により水分・養分の吸収が強化される

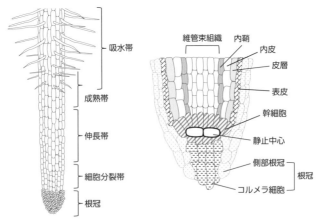

図 2.2.1　根の基本構造と根端分裂組織（町田ら 2014，神阪ら 2010 を改変）

ことから，この部分を吸水帯とも呼ぶ。

■根端の構造

　根の先端を守るための根冠は，重力を感知する中央部のコルメラ細胞と，根端の周りを守る側部根冠細胞という2つの部分から構成されている（図2.2.1右）[2]。根冠に守られた根の先端部分は，根の成長点である根端分裂組織と，根端分裂組織に由来してできる組織から構成されている。根端分裂組織の中央には，静止中心という細胞がほとんど分裂せず止まっているように見える部分がある。この静止中心からの指令により，周りの幹細胞と呼ばれる自己複製能と多分化能をもつ細胞は，分裂・増殖能力を維持していると考えられている。静止中心の周りの幹細胞からは，常に新しい細胞が生み出される。基部側に向かって送り出されるこれらの細胞は，外側から表皮，皮層，内皮，内鞘，維管束組織に分化する。静止中心の下方にはコルメラ幹細胞があり，根冠のコルメラ細胞を生み出している（図2.2.1右）。

■根毛形成パターン

　ほぼすべての陸上維管束植物は，根の表面に根毛をもっている。根毛は，根の表面積を広げ，効率よく水や養分を吸収するための器官であると同時に，根を土壌中に固定するための機械的役割も担っている。植物の根毛形成パターンには，主に次の3つのタイプがある。1. 根のすべての表皮細胞が根毛形成能をもち，ランダムに根毛が形成されるタイプ（タイプ1），2. 根の上下軸方向に大きめの細胞と小さめの細胞が交互に形成され，小さめの細胞からのみ根毛

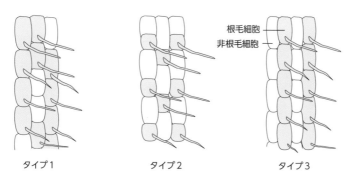

図2.2.2　根毛形成の3つのパターン

が発生するタイプ（タイプ2），3. 根毛をもつ細胞の列と根毛をもたない細胞の列が根の縦軸に沿ってストライプ状に形成されるタイプ（タイプ3），の3つである（図2.2.2）。シダ類，双子葉類，単子葉類のうちの多くは，すべての表皮細胞から根毛ができるタイプ1の特徴を示す。ヒカゲノカズラ（*Lycopodium*），イワヒバ（*Selaginella*），スギナ（*Equisetum*），スイレン科植物（Nymphaeaceae）およびいくつかの単子葉植物はタイプ2に属する。タイプ3の根毛形成パターンは，主にアブラナ科（Brassicaceae）の植物で観察される。

■根毛分化に関わる遺伝子

　根毛は，根の表皮細胞の一部が突出してできた器官であるため表現型が観察しやすい。そのため近年，器官発生のモデルとして注目され，分子生物学的手法による研究が精力的に進められてきた。モデル植物のシロイヌナズナ（*Arabidopsis thaliana*）はタイプ3（図2.2.2）の根毛形成パターンを示し，根毛をもつ細胞（根毛細胞）ともたない細胞（非根毛細胞）が形成される。

　シロイヌナズナの根の表皮細胞が，根毛細胞（図2.2.3：灰色の細胞）に分化するのか非根毛細胞（図2.2.3：白色の細胞）に分化するのかは，表皮細胞の1層内側にある皮層細胞（図2.2.3：青色の細胞）との位置関係により決定される。表皮細胞が2つの皮層細胞に接触する位置にあると根毛細胞に分化し，1つの皮層細胞にしか接触しない位置にある場合は非根毛細胞に分化する。その結果，根の横断面の周囲には8つの根毛細胞が規則的に形成されることにな

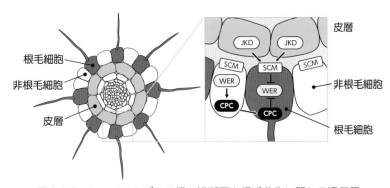

図2.2.3　シロイヌナズナの根の横断面と根毛分化に関わる遺伝子
（テイツ・ザイガー，2017を改変）

る（図 2.2.3 左）。

　シロイヌナズナの根毛 ─ 非根毛細胞の分化は，いくつかの転写因子のはたらきにより決定されている（図 2.2.3 右）[3]。皮層細胞から，ジンクフィンガー型転写因子 JACKDAW（JKD）に依存したシグナルが放出され，根毛細胞の細胞膜にある受容体型タンパク質キナーゼ SCRAMBLED（SCM）を介した情報伝達が活性化されると，MYB 転写因子 WEREWOLF（WER）の発現が抑制される。一方 SCR が不活性なままの非根毛細胞では，WER が機能し，転写因子 CAPRICE（CPC）の発現が誘導される。CPC タンパク質は，隣の根毛細胞に移動し，WER 活性を阻害する。WER は根毛形成を抑制し，CPC は根毛形成を促進する機能をもつため，両者のはたらきにより最終的に根毛細胞と非根毛細胞の運命が決定づけられる。

　モデル植物のシロイヌナズナで明らかにした根毛形成制御遺伝子の機能を，作物に応用することが，これからの課題である。環境に応じた根毛形態を持ち，効率的に土壌中の水や養分を吸収できる作物の育種が期待される。

（冨永るみ）

参考図書・文献

1）神阪盛一郎，谷本英一：『新しい植物科学』，培風館（2010）
2）町田泰則，岡田清孝ほか：『高校生物解説書 植物編』，講談社（2014）
3）テイツ・ザイガーほか（西谷和彦，島崎研一郎 監訳）：『植物生理学・発生学 原著第 6 版』，講談社（2017）

2.3　作物の地上部の形態と機能

■植物・作物の形態形成

　植物の形態形成では，胚が形成された後の発生イベント（胚後発生）が非常に重要である。植物の発生も，動物と同様に，受精卵の細胞分裂から始まる。動物の場合，胚発生過程において多くの組織・器官が形成され，それらはそのまま成体の組織・器官となる。加えて，この時期に生殖細胞も形成される。一方，植物の場合，種子の中で行われる胚発生過程ではわずかな組織・器官しか形成されず，この時期の植物体の形態は，成熟した植物体のものとは大きく異なっている。モデル真正双子葉植物シロイヌナズナの場合，胚発生過程において，子葉と，幼根，そして子葉と幼根をつなぐ胚軸のみが形成される（図 2.3.1）。また，モデル単子葉植物イネの胚発生過程では，子葉と普通葉，そして幼根のみが形成される（図 2.3.1）。これら植物体の葉の基部には，シュート頂（茎頂）分裂組織が存在し，幼根の先端付近には根端分裂組織が存在している（図 2.3.1）。種子が発芽すると，植物体の地上部では，葉が次々と出現し茎が伸長するが，これら器官は，シュート頂分裂組織から供給される細胞により形づくられている。以上のように，植物の形態形成では胚後発生が主要な役割を担っているが，この胚後発生はシュート頂分裂組織を含む各種の頂端分裂組織のはたらきに大きく依存している。

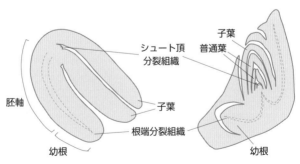

図 2.3.1　シロイヌナズナ（左）とイネ（右）の胚

■植物・作物の胚後発生と地上部の形態

　胚発生直後の植物は，地上部の頂端分裂組織としてシュート頂分裂組織のみをもち，シュート頂分裂組織から葉や茎を作る。そのシュート頂分裂組織から作られた葉と茎をまとめて，一次シュート（主茎）と呼ぶ（図 2.3.2）。植物は，成長段階に応じて，各種の頂端分裂組織を形成する。胚発生後に最初に形成される地上部の頂端分裂組織が腋芽分裂組織であるが，これは，茎と葉の境界部分に形成される（図 2.3.2）。腋芽分裂組織は，形成直後は休眠状態（成長活動を停止すること）に留まっているが，植物体内の環境変化や外部環境からの刺激を受けると休眠状態が解除され，葉と茎を作り始める。この腋芽分裂組織から作られる葉と茎からなる構造を，二次シュート（腋生シュート，ブランチ，側枝）と呼ぶ（図 2.3.2）。以上のように，植物がシュート頂分裂組織と腋芽分裂組織のはたらきにより葉や茎などの栄養器官のみを形成する成長段階を，栄養成長期という。

　イネのシュートの形態は，シロイヌナズナのものとは大きく異なっており，その大部分が葉から構成されている（図 2.3.2）。茎は，栄養成長期には，シュートの基部にコンパクトに存在し，茎のすぐ上には，シュート頂分裂組織が存在している。茎もシュート頂分裂組織も多数の葉に覆われているため，外部からは見ることができない。イネの二次シュートを，分げつと呼ぶ。分げつは，茎と葉の間に形成される腋芽分裂組織に由来するが，イネのコンパクトな茎の性質により，一次シュートの基部から生じているように見える。

　植物は，ある程度成長が進むと，生殖器官である花を形成する。これは，シュー

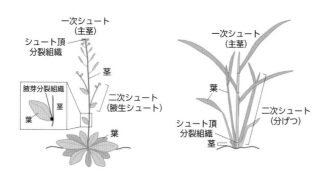

図 2.3.2　シロイヌナズナ（左）とイネ（右）の地上部の形態

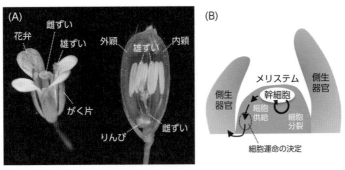

図 2.3.3　(A) シロイヌナズナの花（左）とイネの小穂（右）
　　　　　(B) 地上部の頂端分裂組織（メリステム）の構造

ト頂分裂組織が花序分裂組織に転換する（性質を変える）ことが発端となるが，
この分裂組織の転換は，植物体内の遺伝子発現変化や代謝産物の変動によって
もたらされる。シュート頂分裂組織が葉や茎を形成する栄養成長期に対して，
シュート頂分裂組織が花序分裂組織に転換した後の成長段階を，生殖成長期と
いう。シロイヌナズナの場合，花序分裂組織は，多くの花分裂組織を生じ，花
分裂組織からは 4 種類の花器官（がく片・花弁・雄ずい・雌ずい）が形成され
る（図 2.3.3A）。イネの場合，花分裂組織は，花序分裂組織から直接生じず，
いくつかの頂端分裂組織を経て形成される。イネの花は，小穂と呼ばれる特殊
な構造単位の中に形成され，その形態はシロイヌナズナのものと大きく異なっ
ている（図 2.3.3A）。最も内側から，雌ずい，雄ずい，りんぴがあり，それら
を取り囲むようにして，外穎と内穎が存在している。りんぴは，外穎側にのみ
形成される小さな器官であり，シロイヌナズナの花弁に相当すると考えられて
いる。外穎と内穎はがく片とは異なる器官であり，イネの花はがく片を欠失し
ていると考えられている。

▧地上部の頂端分裂組織（メリステム）の構造

　シュート頂分裂組織や花分裂組織などの地上部の頂端分裂組織（メリステム）
は，数百からなる未分化細胞から構成されており，ドーム状の形状をしている
（図 2.3.3B）。頂端分裂組織の頂端部には幹細胞が含まれており，それら幹細胞
は細胞分裂によって自身を増殖させる一方で，葉や花器官などの側生器官をつ
くるための細胞を供給している。複数の遺伝子のはたらきにより，供給された

細胞の運命が決定されると，側生器官が形成される。このようにして，シュート頂分裂組織や腋芽分裂組織からは葉が形成され，花分裂組織からは花器官が形成される。

■作物の形態と収量

作物の地上部の形態は，作物の収量と密接に関係している。人類の長い歴史の中で，作物の形態改変が収量向上に最も貢献した出来事は，1940年〜1960年代に推進された「緑の革命（Green Revolution）」である。緑の革命で主役となったのは，コムギやイネの半矮性（中程度に背丈が低い性質）の品種であった。緑の革命以前，コムギやイネの品種は肥料を与えると茎が伸長し雨風などの影響を受けやすかったため，倒れにくい品種の開発が必要であった。そのような中，コムギやイネの茎が伸長しない半矮性品種が導入され，暴風雨などでも倒れにくい（耐倒伏性）品種が開発された。この半矮性品種の開発により，コムギやイネの収量が大幅に増産され，世界中の多くの人々が飢餓から救われた。

地上部の頂端分裂組織のはたらきも作物の収量と関係している。1つの穂にできる花の数は，種子を収穫する多くの作物にとって収量に影響する重要な要因である。上述の通り，花は花分裂組織から形成されるため，花分裂組織の数を増やすことによって，収量を増産することができると考えられる。近年，イネにおいて，花分裂組織の数を制御する遺伝子がいくつか同定されており，今後の育種的な利用が期待されている。しかしながら，今後一層深刻化すると推測される世界規模の食糧問題の解決に向けては，これまでの研究成果だけでは不十分であり，農業上有用な新しい遺伝子を同定するなど，さらなる基礎研究が必要である。

（田中若奈）

参考図書・文献

1）星川清親：『イネの生長』，農山漁村文化協会（1975）
2）Ottoline Leyser, Stephen Day：Mechanisms in Plant Development, Wiley-Blackwell（2002）

2.4　作物生産と光合成

■光合成

　植物は葉緑体で太陽光エネルギーを利用して二酸化炭素（CO_2）と水（H_2O）から炭水化物（$C_6H_{12}O_6$）を合成している。この過程が光合成である。光合成反応はチラコイド膜での反応とストロマでの反応に分けられる。光合成は葉緑体と呼ばれる二重の膜に囲まれた細胞内小器官で行われ，葉緑体内部はチラコイドとよばれる包膜と，二酸化炭素を有機物に還元する反応に関わる多くの酵素を含むストロマとに分けられる（図 2.4.1A）。

■チラコイド膜での反応

　葉緑体のグラナやストロマラメラのチラコイド膜には光化学系Ⅰと光化学系Ⅱと呼ばれるクロロフィル結合タンパク質複合体が存在する。これらはクロロフィルaやbおよびカロテノイドといった光合成色素を含むアンテナ複合体と，P680やP700と呼ばれる反応中心クロロフィルからなる。光化学系Ⅱでは，光エネルギーはアンテナ複合体から P680 へ集められ，そこで電子を放出する（図 2.4.1B）。P680 は H_2O を水素イオン（H^+）と酸素（O_2）に分解し，生じた H^+ と O_2 は葉緑体ルーメン側に放出され，電子はプラストキノン，シトクロム複合体，プラストシアニンを経て光化学系Ⅰへと流れる。P700 では吸収した光エネルギーを利用して電子を伝達し，フェレドキシンとフェレドキシン-$NADP^+$レダクターゼを介して NADPH を生成する。光化学系Ⅱと光化学系Ⅰの間には，多くの酸化還元反応を担うタンパク質複合体が配置されていて，電子を次々と移動させて光化学系ⅡとⅠを結び付けている。一方，一連の電子伝達によってルーメン側に蓄積された H^+ がチラコイド膜内外の H^+ 濃度勾配を形成し，H^+ がルーメン側からストロマ側へと流れる際の駆動力を利用して ATP 合成酵素が ATP を合成する。

■ストロマでの反応（カルビン・ベンソン回路）

　ストロマでの反応は発見者の名前をとってカルビン・ベンソン回路と呼ばれ

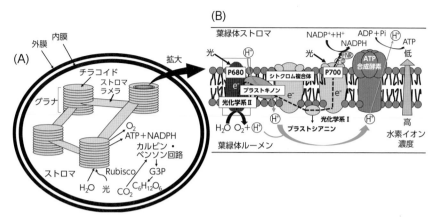

図 2.4.1　（A）葉緑体の膜構造と光合成の概観図。（B）電子伝達経路の概観図。葉緑体のチラコイド膜の電子伝達と水素イオンの輸送は4つのタンパク質複合体によって行われる。H^+：水素イオン，e^-：電子，Fd：フェレドキシン，FNR：フェレドキシン-$NADP^+$レダクターゼ。(Taiz, L.・Zeiger, E.：植物生理学　第3版, 培風館 (2004), 図 7.16 と図 7.22 を一部改変)

ている。この回路では，まずリブロース二リン酸カルボキシラーゼ／オキシゲナーゼ（Rubisco：ルビスコ）が CO_2 をリブロース二リン酸（RuBP）に取り込み（炭素固定），ホスホグリセリン酸（PGA）を合成する。続いて，チラコイド膜での反応で生成した ATP と NADPH を利用し，PGA が還元されてグリセルアルデヒド-3-リン酸（G3P）ができる。G3P はいくつかの中間産物を経て炭水化物（$C_6H_{12}O_6$）へと変換されるが，一部の G3P は RuBP の再生産に使われる。

■光阻害

　光エネルギーは CO_2 を固定するための必須の駆動力であるが，過剰な光エネルギーは植物にとって有毒である。たとえば，植物は高温や乾燥ストレスを受けると水分保持のために気孔を閉じるが，同時に葉緑体への CO_2 供給が抑えられるために光合成活性は低下する。このとき，過剰となった光エネルギーが活性酸素（スーパーオキシドラジカル等）を生成し，植物細胞に損傷を与える。植物は光阻害から身を守るために，光化学系 I で生成した活性酸素をスーパーオキシドジスムターゼによって過酸化水素に変換し，さらにアスコルビン酸ペルオキシダーゼにより無毒な H_2O とする。さらに，カロテノイドの一種

であるキサントフィルは過剰な光エネルギーを無害な熱に変えて光阻害から葉緑体を守ることに役立っている。

光呼吸

植物には光呼吸という別のタイプの呼吸がある。Rubisco は CO_2 と O_2 の濃度比が低くなると，O_2 を RuBP に固定してホスホグリコール酸を生成する（光呼吸）。ホスホグリコール酸は代謝された後，ミトコンドリア内で CO_2 を放出するために C_3 植物による炭素獲得量が減少する。Rubisco による O_2 の固定と CO_2 の放出は一見無駄に見えるが，光呼吸による代謝を回転させることで ATP や NADPH を使用して過剰な光エネルギーを消費することで，植物の光合成器官を光阻害から保護する役割を果たしている。

C_3，C_4 と CAM 植物

C_3 植物には，ダイズ，イネ，コムギなど多くの植物が含まれる。これらの植物は CO_2 を RuBP に固定し，炭素原子 3 個の PGA を生成する。一方，トウモロコシ，ソルガム，サトウキビなどの C_4 植物は CO_2 をホスホエノールピルビン酸（PEP）に固定し，炭素原子 4 個のオキサロ酢酸を生成する。C_3 植物の葉緑体は葉肉細胞に存在するのに対して，C_4 植物の葉緑体は葉肉細胞と維管束鞘細胞に存在する（図 2.4.2）。C_4 植物では，オキサロ酢酸はリンゴ酸とアスパラギン酸に変換され，次いで維管束鞘細胞で脱炭酸して生成した CO_2 をカルビン・ベンソン回路で再固定する（図 2.4.3）。

C_3 植物では，高温や乾燥などの条件下で気孔が閉じられるため，葉内 CO_2 濃度が低下する。このような条件下では，植物の光呼吸活性は増加し，光合成

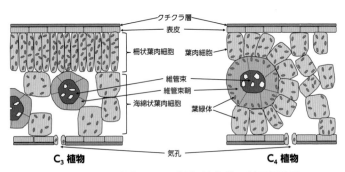

図 2.4.2 C_3（左）と C_4（右）植物葉の断面概略図

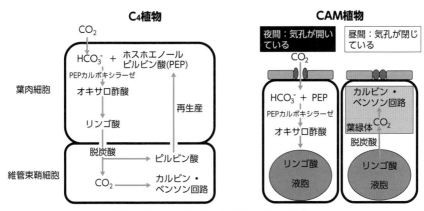

図 2.4.3 C$_4$ 植物と CAM 植物の光合成

効率が低下する。一方，C$_4$ 回路では葉肉細胞で CO$_2$ を固定し，維管束鞘細胞内で放出することで高濃度の CO$_2$ を Rubisco に供給できるため，Rubisco による光呼吸を抑えている。C$_4$ 植物は C$_3$ 植物よりも CO$_2$ 固定効率が高く，気孔開度を低く抑えることができるため，植物体内の水分保持力にも優れる。これらの特徴から，C$_4$ 植物は高温，乾燥の熱帯地域により多く分布している。一方，サボテン科やベンケイソウ科などより乾燥の進んだ地域に適応している植物では夜間に気孔を開き，CAM（ベンケイソウ型有機酸代謝）回路と呼ばれる C$_4$ 回路に似た経路で CO$_2$ を取り込んでいる。CAM 回路では，夜間に CO$_2$ をオキサロ酢酸に固定して液胞にリンゴ酸として蓄積し，昼間にそのリンゴ酸を脱炭酸して生成した CO$_2$ を使ってカルビン・ベンソン回路で炭水化物を合成する。

　人間を含むすべての動物のエネルギー源は植物が光合成によって作り出した有機物である。植物は人間にとって重要な食料源であるため，植物の光合成活性を高めることは食料増産のための重要な課題である。しかしながら，植物がもつ光合成機能のすべてが理解されているわけではないため，光合成効率を品種改良や遺伝子組換え技術で改善することは容易ではない。一方で，光環境や栄養状態（特に窒素）は植物の光合成活性に大きな影響を与えることが知られているため，植栽密度や施肥方法などの栽培方法を植物種ごとに最適化することも食料増産の有効な手だてとなると考えられる。

（秦東）

参考図書・文献

1）Taiz, L., Zeiger, E.（西谷和彦，島崎健一郎 監訳）:『植物生理学 第3版』, pp. 109-167, 培風館（2004）

2）江坂宗春ほか:『生命・食・環境のサイエンス』, pp. 75-78, 共立出版株式会社（2011）

3）園池公毅:『トコトンやさしい光合成の本』, pp. 108-119, 日刊工業新聞社（2012）

4）Hamlyn G.J.（久米篤，大政謙次ほか 訳）:『植物と微気象 第3版』, pp. 189-212, 森北出版株式会社（2017）

2.5 作物の光合成反応と光合成産物の転流

光合成ガス交換

　陸上植物では光合成と呼吸それぞれに必要な CO_2 や O_2 は大気から取り込まれ，これらの反応で生じる O_2 や CO_2 は大気へ放出される。また，蒸散によって植物体内の水は水蒸気として大気へ放出される。これらのガス交換は，大気との境界面である葉面（表皮）にある数 μm から数十 μm の小さな孔（気孔）を通じて行われる（図2.5.1）。各分子は拡散によって受動的に移動する。気体分子は気孔を通りにくい（気孔抵抗）ため，光合成によって葉緑体が CO_2 を吸収すると葉内の CO_2 濃度は大気よりも低くなる。この濃度勾配に沿って，CO_2 は大気から葉内へ拡散する。光合成が止まる夜間には呼吸によって葉内の CO_2 濃度は大気よりも高くなり，CO_2 は葉内から大気へ拡散する。

光合成のジレンマ

　植物にとって気孔は CO_2 の入口であるとともに水の出口でもある。葉内の蒸発面（葉肉細胞壁）は常に水で覆われているため，細胞間隙の相対湿度はほぼ100％に達している。ほとんどの場合，葉内の水蒸気濃度は大気よりも高いため，水蒸気は葉内から大気へと拡散する（蒸散）。蒸散は気化熱を奪うことで植物の体温を下げるとともに根から水や栄養分を吸い上げる原動力としてはたらくが，体内の水は失われる。植物は気孔を閉じることで過度な水損失を回

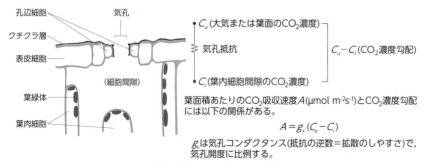

図2.5.1　葉の断面および CO_2 拡散の回路図

避しているがこのとき，葉内への CO_2 供給が妨げられてしまう。つまり，陸上植物の光合成は水分保持とトレードオフ（「あちら立てればこちらが立たぬ」）の関係にある。このようなジレンマのもと，植物は自身の水分状態や周囲の環境に応じて気孔開度（気孔コンダクタンス）を厳密に制御している。

■光合成速度の律速要因

個葉の光合成速度には葉面積あたりの CO_2 吸収速度が用いられる（図 2.5.1）。Rubisco が触媒する RuBP のカルボキシレーションにおける基質 CO_2 濃度は葉内細胞間隙の CO_2 濃度（C_i）で近似される。低 C_i で Rubisco は RuBP に対して飽和しているため，C_i が高くなるほど光合成速度（RuBP のカルボキシレーション速度）は速くなる（図 2.5.2　Rubisco 律速）。さらに C_i が高くなると，RuBP の再生産速度（電子伝達速度）が光合成速度を律速する（図 2.5.2 RuBP 再生産律速）。RuBP の再生産に C_i は影響しないが，C_i が高くなると RuBP のオキシゲネーション（光呼吸）が抑制されることで光合成速度は上昇する。各律速段階の容量が CO_2 需要能（図 2.5.2 実線）を決めるのに対して，気孔コンダクタンス（g_s）が CO_2 供給能（図 2.5.2 点線）を決める。g_s に依存して大気 CO_2 濃度（C_a）は C_i まで低下し，光合成速度が決まる（図 2.5.2 実線と点線の交点）。現在の大気 CO_2 濃度（$C_a \fallingdotseq 400$ppm）において，C_3 植物の（光が十分ある場合の）光合成速度は Rubisco に律速されている。葉の Rubisco 濃度が高いほど RuBP のカルボキシレーションは速くなり，気孔コンダクタンスが高いほど C_i は高くなる。このことから，窒素施肥によって Rubisco 濃度を高め，灌漑によって気孔開度を維持することは光合成速度を上昇させるうえ

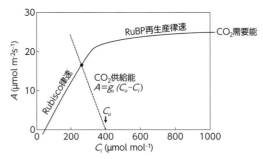

図 2.5.2　葉内細胞間隙の CO_2 濃度（C_i）に対する光合成速度（A）の反応
g_s は点線の傾きに等しい。実線と点線の交点は C_a 400ppm における C_i と A を示す。

で重要だとわかる。また，光合成速度がどのように環境に応答するのかを予測するには，環境要因がCO_2需要能とCO_2供給能それぞれに与える影響を知っておく必要がある。

■光合成による同化産物の移動

　葉緑体で光合成により生産された光合成産物は，展開中の葉や根端，果実，子実，塊茎，塊根など他の部位へと輸送される。このような同化産物の移動を転流と呼ぶ。光合成産物の転流では，同化産物を受け入れ利用・貯蔵する器官をシンク，同化産物の生産・供給に関わる器官をソースと呼ぶ（図2.5.3）。シンクやソース器官は，作物によって異なり，生育時期によっても変化する。たとえば，サツマイモやジャガイモなどのイモ類では，塊根や塊茎がシンクである。また，イネやトウモロコシでは，出穂前は光合成を行う葉がソースで，葉鞘や稈がシンクであるが，出穂後には葉，葉鞘，稈がソースで，穂がシンクへと変化する。作物の生産性は，このシンク・ソース関係によって決定される。すなわち，作物の生産量を最大にするためには，シンクの容量および受け入れ能力を高めるとともに，シンクへ送り込む同化産物を生成するソースのサイズおよびその生成能力を高めることが重要である。近年，イネでは，籾のサイズや数といったシンク能や光合成速度といったソース能に関与する遺伝子が同定されている。これらの有用遺伝子を組み合わせシンク能とソース能を強化する育種を行うことで，さらなる生産性向上が期待されている。

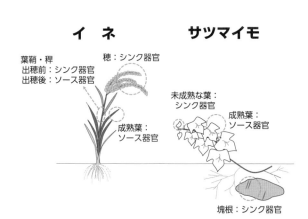

図2.5.3　イネおよびサツマイモのシンク・ソース

■同化産物の転流と貯蔵

　植物における光合成産物の主な転流形態は，ショ糖である。葉緑体内のカルビン回路で生成された光合成産物は，トリオースリン酸として細胞質に運び出される（図 2.5.4）。そして，合成酵素のはたらきにより，ショ糖に合成され，維管束の篩管に取り込まれる。この篩管への積み込み過程を，ローディングと呼ぶ。ショ糖のローディングは，主に細胞壁や細胞間隙を通るアポプラスト経由で行われる。篩管内のショ糖濃度は，葉肉細胞よりも高いが，ショ糖は濃度勾配に逆らって取り込まれる。このことには，細胞膜に存在する輸送タンパク質（ショ糖トランスポーター）が関与している。篩管に取り込まれたショ糖は，シンク器官へ輸送され，篩管の外へ積み下ろされる。この積み下ろし過程を，アンローディングと呼ぶ。アンローディングは，一般的に原形質連絡を介したシンプラスト経由である。シンク器官に輸送されたショ糖は，成長のために利用されるほか，グルコース -6- リン酸としてアミロプラストに取り込まれ，合成酵素のはたらきにより中間物質を経て，デンプンに変換され貯蔵される。

（冨永淳・菊田真由実）

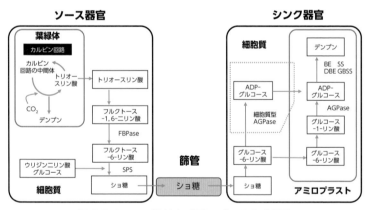

図 2.5.4　ショ糖およびデンプンの合成経路

FBPase：フルクトース -1,6- ビスホスファターゼ，SPS：スクロースリン酸シンターゼ，AGPase：ADP- グルコースピロホスホリラーゼ，GBSS：デンプン粒結合性スターチシンターゼ，SS：可溶型スターチシンターゼ，BE：ブランチングエンザイム，DBE：デブランチングエンザイム。穀類の胚乳では，細胞質にも AGPase が存在し，ここで作られた ADP グルコースがアミロプラストに運ばれる経路（破線内）も併存している。(Taiz, L.・Zeiger, E.：植物生理学　第 3 版，培風館（2004），図 10.20 および日本作物学会編：作物学用語事典，農文協（2010），p163 図 1 を一部改変)

参考図書・文献

1）Taiz, L., Zeiger, E.（西谷和彦・島崎健一郎 監訳）:『植物生理学 第3版』, pp. 189-217, 培風館（2004）

2）青木直大, 大杉立ほか（日本作物学会 編）:『作物学用語事典』, pp.158-163, 農山漁村文化協会（2010）

3）大杉立:化学と生物 41, 366-373（2003）

4）前忠彦:化学と生物 26, 191-198（1988）

5）彦坂幸毅:『植物の光合成・物質生産の測定とモデリング』, pp.1-41, 共立出版株式会社（2016）

2.6 作物の生育に必要な必須元素とその生理機能

■必須元素とは

独立栄養生物である植物は，葉や茎などの地上部の緑色器官で行う光合成により大気中の二酸化炭素を同化する。一方で，土壌中に発達させた根では水や様々な無機元素を吸収，代謝して自身の体を作り上げる。植物の生育に必要不可欠な17種類の元素のことを必須元素と呼ぶ（図2.6.1）。必須元素のうち，植物体の90％以上を構成する炭素（C）や酸素（O），水素（H）は二酸化炭素や水として吸収される。窒素（N）やリン（P），カリウム（K），カルシウム（Ca），マグネシウム（Mg），硫黄（S）といった6種類の多量必須元素や，鉄（Fe）やマンガン（Mn），亜鉛（Zn），銅（Cu），ホウ素（B），モリブデン（Mo），ニッケル（Ni），塩素（Cl）といった8種類の微量必須元素は土壌から根へと吸収される。これらの元素の過不足は植物の生育を抑制する。土壌から根へと吸収される必須元素のうち，NやP，Kは特に植物による要求量が多いことから肥料の三要素と呼ばれ，植物栽培時に肥料として土壌に施用される。

ある元素が必須元素として認められるためには，①その元素が欠乏すると植物の生育が抑制され，ライフサイクルを終えることができない（必要性），②欠乏による生育の抑制はその元素を適量与えることによってのみ回復し，他の元素が代替することができない（非代替性），③その元素を適量与えることによる生育の正常化は，生育阻害物質の影響の排除や土壌条件の改善などの間接

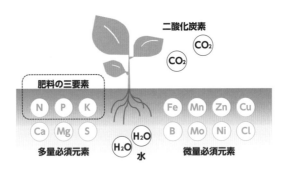

図 2.6.1　植物の必須元素

表 2.6.1 必須元素の生化学的機能

グループ	元素名	代表的な生化学的機能
グループ 1 炭水化物の構成成分	N	アミノ酸・タンパク質・核酸・クロロフィル等の構成成分
	S	含硫アミノ酸・グルタチオン等の構成成分
グループ 2 エネルギーの保存や 構造維持	P	糖リン酸・核酸・フィチン酸等の構成成分
	B	細胞壁の構成成分，核酸代謝
グループ 3 イオン形態で存在	K	浸透圧調節，酵素タンパク質の補助因子
	Ca	細胞壁の構成成分，シグナル伝達
	Mg	クロロフィルの構成成分
	Zn	酵素タンパク質の構成成分
	Cl	光合成
グループ 4 酸化還元	Fe	クロロフィル合成，窒素固定，非ヘム鉄
	Mn	光合成，様々な酵素タンパク質の構成成分
	Cu, Ni, Mo	様々な酵素タンパク質の構成成分

的な効果ではない（直接性），の 3 つの基準の他，その元素を構成要素とする細胞成分や酵素が存在することが確認される必要がある。農業上有用と認められているケイ素（Si）やナトリウム（Na），アルミニウム（Al），コバルト（Co）はある種の植物の生育を助けるがすべての植物には必須ではなく，必須元素の基準をすべて満たしていないために有用元素と呼ばれる。

■必須元素のはたらき

14 種類の必須元素はその生化学的機能に基づいて，4 つのグループに分類される（表 2.6.1）。植物は N を硝酸イオン（NO_3^-）やアンモニウムイオン（NH_4^+）の形で根から吸収する。吸収された NO_3^- は亜硝酸還元酵素や硝酸還元酵素のはたらきにより NH_4^+ に変換される。NH_4^+ はグルタミン合成酵素（glutamine synthetase）によりグルタミン酸に取り込まれてグルタミンが合成され，グルタミン酸合成酵素（glutamine-2-oxoglutarate aminotransferase）によってグルタミンと 2- オキソグルタル酸から 2 分子のグルタミン酸が合成される。合成された 1 分子のグルタミン酸は他のアミノ酸合成に使用され，残り 1 分子のグルタミン酸は再度 NH_4^+ との反応に使用される。この無機態窒素（NO_3^- や NH_4^+）が炭素化合物と結合して有機態窒素（グルタミン酸）を合成する過程を窒素同化と呼び，この代謝回路のことを GS/GOGAT サイクルと呼ぶ（図 2.6.2）。一方，大気中の窒素分子（N_2）は環境中の一部の細菌がもつニトロゲナーゼのはたらきによりアンモニア（NH_3）に還元されるが，この過程を窒素固定と呼ぶ。窒素固定能をもつ細菌には植物の根に根粒を形成することで植物と共

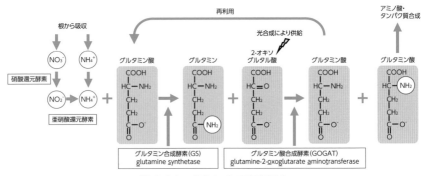

図 2.6.2　植物による窒素同化

生関係を結ぶ共生窒素固定細菌の他，植物とは共生関係を結ばずに環境中で自由に生活する単生窒素固定細菌が存在する。細菌による N_2 から NH_3 への変換能や植物による無機態窒素から有機態窒素への変換能は動物にはみられないため，窒素固定や窒素同化は生態系での窒素循環に重要な役割を担っている。

　Pは主にリン酸二水素イオン（$H_2PO_4^-$）の形で植物に吸収される。Pは植物体内では核酸，リン脂質，糖リン酸として使用される他，ヌクレオチドの一種であるATP（アデノシン三リン酸）の合成やタンパク質のリン酸化にも関わっている。フィチン酸（*myo-* イノシトール6リン酸）は種子中の主要なPの貯蔵形態である。土壌中の多くのPは植物が容易に利用できない難利用性形態として存在しているが，生態系におけるP循環は多くの生物の活動に重要である。

　Kは長石や雲母などの岩石の風化により，常にある程度の量が土壌に供給される。Kは植物細胞内の主要な陽イオンとして存在し，細胞の浸透圧調節の他，気孔の開閉やK依存性酵素の活性化に関わっている。K欠乏下では同じアルカリ金属類のNaが吸収されて浸透圧調節に利用されるが，このようなNaによるK機能の代替作用は一部の植物においてみられる。有用元素のNaは一部の C_4 植物の生育に必須である他，沿岸部や河口域に自生する塩生植物の生育を促進するものの，土壌中に高濃度に蓄積されると塩害土壌を生成して植物の生育を阻害する。

■必須元素の欠乏症

　適量の必須元素を土壌から獲得できなかった場合，植物にはその元素特有の

欠乏症がみられる。葉緑素の構成成分である N や Mg，その合成経路に関わる Fe の欠乏は葉の顕著な黄化を引き起こす他，細胞壁構造維持に関わる Ca や B の欠乏は障害果の発生を引き起こす。植物体内における移動のしやすさは各元素によって異なり，N や P，K，Mg などは欠乏時には古葉から新葉へと転流される。そのためにこれらの元素の欠乏症は古葉から現れる。一方，Ca や S，Fe，B，Cu などは欠乏時には古葉から新葉には転流しにくいため，これらの元素の欠乏症は新葉から現れる。必須元素の欠乏による植物の生育不良がみられた場合，どのような症状を呈しているのかをいち早く把握して植物体の一部を用いた元素分析や土壌分析を併せて行うことで，適切な追肥による生育の回復が期待できる。

■環境保全型農業

　肥料の三要素のうち，窒素肥料は大気中の窒素分子を原料としてハーバー・ボッシュ法により工業的に製造される。リン肥料やカリウム肥料は主にリン鉱石やカリ鉱石を原料として製造される。化学肥料の製造は近代農業における植物の生産性向上に貢献してきた。しかしながら，これらの鉱石資源は日本ではほとんど産生されない。そのほとんどを海外からの輸入に頼っている。これら鉱石は有限資源である他，リン鉱石の多くはモロッコや中国，米国等，カリ鉱石の多くはカナダやロシア，ベラルーシ等の国々に偏在している。我が国の安定した農業生産を持続させるためには，効率的な肥培管理技術の確立や減肥栽培に向いた新品種の開発など，肥料資源の節約技術の開発が重要である。

　近年，化学的に合成された肥料および農薬を使用せず，遺伝子組換え技術を使用しないで農作物を生産する有機農業への関心が高まっている。米ぬかや稲わら，麦わら，搾油かす，魚粉や骨粉などの動植物残渣や牛糞や豚糞，鶏糞などの家畜糞には植物の生育に有益な栄養分が含まれている。これら有機質肥料や微生物による好気的発酵過程を経て生産される堆肥の施用は耕地への養分供給に役立つとともに，生態系における資源循環にも貢献できる。

（上田晃弘）

参考図書・文献

　1）間藤徹，馬建鋒，藤原徹 編：『植物栄養学 第2版』，文永堂出版（2010）

2.7 作物生産と環境ストレス

■植物を取り巻く環境

　植物は一度土壌に根を張ると，その場から移動することなく一生を終える生き物である。動くことによって周囲の環境に適応したり，退避したりすることができる動物とは異なり，植物は周囲の環境をありのままに受容する。そのため，気温や光の種類と強さ，土壌中の水分量や塩類，重金属，pH などの様々な環境因子が植物の生育に大きく影響する（図 2.7.1）。農作物の栽培において，これらの環境要因が生育に適した条件であれば収量は増加する。一方，適正範囲内に収まらない環境要因がある場合には環境ストレスとなり，農作物の生育が阻害され収量は低下する。たとえば，土壌中の水分量が不足して根から十分量の水分を吸水することができなくなると，植物は乾燥ストレスを受け，光合成によるエネルギー生産や膨圧による植物体の維持が困難となる。また，低温ストレス下では植物細胞内の水分が凍結し，細胞膜の破壊や細胞質中の水分枯渇が起こり細胞が生存できなくなる。このように，植物の生育が制限されるメカニズムは環境ストレスの種類に応じて多様である。また，これらの環境ストレスは一様に活性酸素の発生を促進する。活性酸素はスーパーオキシドラジカル（O_2^-）や一重項酸素（$^1O_2$），ヒドロキシラジカル（OH），過酸化水素（H_2O_2）などの反応性に富む酸素分子の総称で毒性が高く，核酸や脂質，タンパク質な

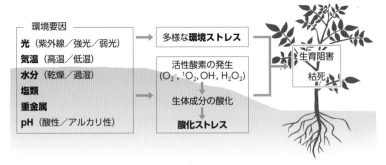

図 2.7.1　植物の生育に影響を与える環境要因とストレス

どの生体物質を酸化して損傷させる。活性酸素によって生体物質が酸化されることを酸化ストレスといい，強い酸化ストレスにさらされた植物は最悪の場合には枯死に至る。

　植物は移動することなくこれらのストレスに適応する必要があるため，ストレスを緩和する多様な機能を備えている。環境ストレスを受けると植物体内ではストレスの種類に応じた情報伝達が行われ，ストレス応答反応を引き起こし，ストレスを緩和する機能が発動する。これを植物のストレス耐性機構という。

■酸化ストレスと抗酸化機能

　様々な環境ストレスによって活性酸素が発生することは上述の通りであるが，活性酸素は本来，植物が光合成をするときにも絶えず発生している。植物が光合成によって発生した活性酸素から酸化ストレスを受けないのは，活性酸素を除去して無毒化する機能を備えているためである。このような酸化ストレスに対する耐性機構を抗酸化機能という。植物は活性酸素の発生のリスクから逃れられないため，多様な抗酸化機能を備えている。植物体内において抗酸化作用を担うものには抗酸化酵素や抗酸化物質がある。抗酸化酵素は活性酸素を無害な物質へと変換する触媒活性をもつ酵素タンパク質であり，スーパーオキシドジスムターゼやカタラーゼなどがある（表2.7.1）。抗酸化物質は酸化還元反応において還元剤としてはたらく一次・二次代謝産物であり，強い酸化剤である活性酸素を還元して無毒化する。抗酸化物質は水溶性と脂溶性の2種類に分類され，水溶性抗酸化物質にはビタミンCとして知られるアスコルビン酸や還元型グルタチオンがあり，脂溶性抗酸化物質にはビタミンEとして知られるα-トコフェロールやリコペンに代表されるカロテノイドがある（表2.7.2）。このように植物は多様な抗酸化機能を有し，光合成によって生じた活性酸素を速やかに無毒化している。

　また，環境ストレスにさらされると，環境ストレスの種類に応じた応答反応と同時に酸化ストレスに対する応答反応も起こり，抗酸化酵素や抗酸化物質を多く産生して細胞内の抗酸化機能を高め，活性酸素の蓄積を防ぐ。しかし，強い環境ストレスによって許容量を超えた活性酸素が発生し，活性酸素の発生速度に無毒化速度が追いつかなくなると，細胞内に活性酸素が蓄積して酸化ストレスとなる。植物の抗酸化能力は植物種によって異なり，熱帯地方などの活性酸素が発生しやすい環境で生育する植物は高い抗酸化能力を有する。

表 2.7.1　植物の主な抗酸化酵素

酵素	触媒反応
スーパーオキシドジスムターゼ	$O_2^- + O_2^- + 2H^+ \rightarrow 2H_2O_2 + O_2$
カタラーゼ	$H_2O_2 \rightarrow H_2O + 1/2O_2$
アスコルビン酸ペルオキシダーゼ	$H_2O_2 +$ アスコルビン酸 $\rightarrow 2H_2O +$ デヒドロアスコルビン酸
グアヤコールペルオキシダーゼ	$H_2O_2 +$ 還元型グルタチオン $\rightarrow H_2O +$ 酸化型グルタチオン

Gill SS and Tuteja N (2010) Plant Physiol. Biochem. 48 巻 917 ページ Table 1 を引用・改変

表 2.7.2　植物の主な抗酸化物質

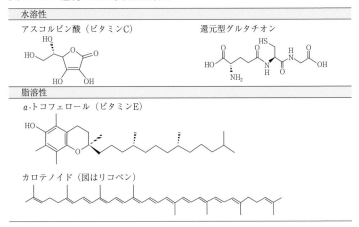

■ストレス耐性植物の作出

　昨今話題のゲノム編集技術や遺伝子組換え技術を利用すると，植物がもつゲノム DNA の塩基配列の一部を改変したり外因的に遺伝子を導入したりすることができる。「生命の設計図」ともいわれる遺伝子の情報を操作すれば，その対象遺伝子の機能に応じて植物の形質にも変化が生じる。タンパク質コード領域の塩基配列を改変することによってタンパク質の構造と機能を改変したり，遺伝子の転写量を変えてタンパク質の合成量を増減（過剰発現や発現抑制など）させたりして，目的の形質をもった植物を作出する。たとえば，抗酸化酵素のタンパク質の構造を改変して活性酸素の無毒化の活性を高めたり，抗酸化物質の生合成に関わる遺伝子を過剰発現させて抗酸化物質を多量に蓄積させたりす

ることで，植物の抗酸化機能を向上させることができる。環境ストレスによって二次的に引き起こされる酸化ストレスに対する耐性を向上させることは，多様な環境ストレスに対する耐性の強化に繋がる。また，乾燥や低温など様々な環境ストレスに特有の耐性機構を強化する遺伝子操作を行うことで，それらの環境ストレスに対して耐性をもつ植物の作出が可能である。

　ストレス耐性遺伝子の過剰発現には恒常的な過剰発現が一般的であるが，場合によっては環境ストレスのない適正条件下での生育が不良となることがある。本来，環境ストレスを受容したときに発動すべきストレス耐性機構が常に発動状態になることで，植物の正常な生育を妨げる要因になりうるためである。その場合にはストレス応答的に遺伝子を過剰発現させるなど，目的に応じた適切な遺伝子操作の設計が必要である。近年の地球規模の環境問題により，農作物の栽培に適した土地の面積は年々減少し続けている。そのため，ゲノム編集や遺伝子組換えによって環境ストレス耐性を強化した農作物の作出は今後も重要な課題の1つであり，さらなる発展が期待される。

（末川麻里奈）

参考図書・文献

1) Gill SS, Tuteja N：*Plant Physiol. Biochem*, **48**, 909–930（2010）
2) Kasuga M, Miura S *et al.*：*Plant Cell Physiol*, **45**, 346–350（2004）

2.8　作物生産と害虫

■作物生産と農薬

　作物とは，野生の植物を改良し，人間が利用するのに最適な形質（収量・味・栄養など）を付与した植物である。作物は農地に植えられ，人間の管理のもと特定種が集約的に栽培される。このように作物生産は極めて人為的な営みではあるものの，農地を取り巻く自然から様々な影響を受ける。農地には他の植物（雑草）が入り込み，作物の生育を阻害する。昆虫，ダニ，線虫，ネズミなど様々な動物が作物を加害する他，ウイルスや微生物は作物に感染し，枯死させる。これらの生物ストレスにより，作物から本来得られる収量の27-41％が栽培時に失われている（表2.8.1）。農業の生産性を高め，食糧の安定供給を実現するには，栽培時の損失を極力小さくすることが重要な課題といえる。

　作物を栽培する際，雑草や病害虫による被害を防止・軽減することを目的に使用される薬剤を農薬という。現代農業において農薬は欠くことのできない資材であり，除草剤・殺虫剤・殺菌剤はその代表例である。これらはある種の生物に毒として作用し，致死させる。このため，使用される化学物質には，人間に対する安全性や環境毒性の低減が求められる。農薬の開発は，人間の薬と同じように，多大な労力と経費をかけて慎重に行われている。また，その製造，販売，使用に至るすべての過程を法律「農薬取締法」によって規制されている。私たちはこのような厳重な管理によって，農薬の安全性を担保し，毒物質を使

表2.8.1　生物ストレスによる作物栽培時の損失

	潜在的な収量における損失割合（%）				
	雑草	害虫・動物	病原菌	ウイルス	総計
小麦	8	8	10	2	28
米	10	15	11	1	37
トウモロコシ	11	10	9	3	33
ジャガイモ	8	11	15	7	41
大豆	8	9	9	1	27
綿花	9	12	7	1	29

(Oerke（2006）表1を一部改変)

いこなしているのである。

農業害虫と殺虫剤の歴史

　昆虫は80万を超える種で構成され，様々な環境に適応して生活を営んでいる。植物を餌とする植食性昆虫は35万種以上いるといわれており，その一部は作物に大きな被害を与える。このような昆虫は農業害虫に分類され，作物の種類によって水稲害虫，野菜害虫，果樹害虫などに小分類される。

　農業害虫はしばしば大発生を繰り返し，作物に壊滅的な被害を与える。効果的な害虫防除法のなかった時代，害虫の大発生は天災の一種「蝗災」と考えられ，人々は神仏に祈るほかなす術がなかった。しかし，人間は科学技術を駆使して，害虫の発生を制御しようと試みる。日本で最初に行われた害虫防除は江戸時代の注油駆除法といわれており，水田に油を散布して水稲害虫を窒息死させた。明治・大正時代になると，天然物（除虫菊やたばこに含まれる植物成分やヒ酸鉛，硫黄）が殺虫剤として利用され始め，これらはやがて工業的に生産される合成殺虫剤に置き換えられる。その先駆けはDDTやBHCに代表される有機塩素系殺虫剤であった。これらは，殺虫活性が高く，効果が長期間持続し，哺乳類に対してほとんど毒性を示さない。また，パラチオンに代表される有機リン系殺虫剤は，速効性の殺虫活性を示す一方，植物体内では速やかに分解・代謝される。これら初期の合成殺虫剤（図2.8.1）は1950～60年代に大量使用され，作物生産性の向上，農業の省力化に大きく貢献し，産業の高度化を促す呼び水となった。その反面，合成殺虫剤は新たな問題を提起する。有機塩素系化合物は生体内に長期間残留し，生物濃縮を通じて毒性を発現した。パラチオンは哺乳類に対する毒性が高く，中毒事故が相次いだ。初期の合成殺虫剤は薬剤の効果に重点が置かれており，毒性や残留性への配慮が不十分だったのだ。殺虫剤を含む農薬は厳しい社会的批判にさらされ，有機塩素系殺虫剤やパラチオンは1970年代に使用が全面的に禁止された。

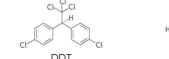

DDT
（ジクロロジフェニルトリクロロエタン）
γ-BHC
（γ-ベンゼンヘキサクロリド）
パラチオン

有機塩素系殺虫剤　　　　　　　　有機リン系殺虫剤

図 2.8.1　初期の合成殺虫剤

96

■合成殺虫剤の進化

　その後の農薬開発では厳しい安全基準が設けられ，哺乳類に対する低毒性，環境や作物への残留性の低減，防除対象に対する高い選択性など，化学物質のリスク管理がより重視されている。パラチオンは部分構造を改変して低毒性化され，フェニトロチオンに代表される新たな有機リン系殺虫剤が作られた（図2.8.2）。また，植物が進化の過程で作り出した化学防御物質をヒントに，様々な殺虫剤が開発されている。ピレスロイド系殺虫剤は，除虫菊に含まれる分解されやすい殺虫成分ピレトリンを安定化したものである。ネオニコチノイド系殺虫剤は，タバコに含まれるニコチンを低毒性化して作られた。西アフリカ原産のカラバルマメに含まれる有毒成分フィゾスチグミンからカーバメート系殺虫剤が生み出されている。

　農業害虫の多くは昆虫やダニなどの節足動物である。節足動物は脱皮や変態という特有の生育過程をもち，この変化は幼若ホルモンや脱皮ホルモンなど化学物質によって誘導・調節される。昆虫生育制御剤（Insect Growth Regulator：IGR）は，ホルモンを撹乱することで害虫を死に至らしめる。IGRは哺乳類への毒性が極めて低く，選択性の高い殺虫剤として使用されている。

　昆虫は，様々な化学物質を，食物探索や繁殖（交尾や産卵）を行う際の手がかりに用いている。このような化学物質（信号物質）を利用して害虫の行動を

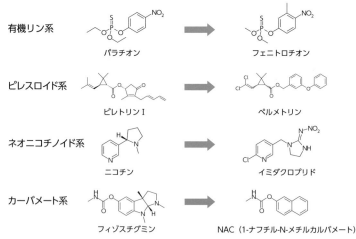

図2.8.2　改良された殺虫剤（左右の分子は類似の構造をもつことに注意せよ）

人為的に操作し，防除を行うために使用される薬剤を害虫行動制御剤という。なかでも同種個体間のコミュニケーションに利用される信号物質フェロモンの機能が注目され，成虫が交尾のときに放出する性フェロモンを利用して害虫の発生調査，大量誘殺，交信攪乱が行われている。

■害虫防除の未来

　飽食の現代，作物は収量や味だけでなく外観にも気を配って生産されている。消費者の多くは，傷や変色のある野菜や果物の購入を敬遠する。見た目のきれいな農作物を作るためには，多種多様な化学農薬を繰り返し使用せざるをえない。このことが害虫に殺虫剤抵抗性を発達させ，既存の殺虫剤が効かない害虫の出現という新たな問題を生み出している。また，殺虫剤によって農地やその周辺に生息する害虫の天敵が駆除され，その結果，害虫が大量発生する生態学的誘導多発性や，作物の栄養状態が向上することで害虫の発育も促進される生理学的誘導多発性という弊害も生じている。これらは，化学農薬を駆使して害虫を制御することの限界を意味する。加えて地球環境の変化に伴い，乾燥地域でバッタの大量発生が頻発したり，害虫の分布域が拡大することで新たな侵入害虫が発生したりもしている。食料の安定供給と環境負荷の低減を両立するためには，新たな害虫防除技術の確立が必要である。近年，化学農薬を補完する方法の１つとして，光や振動など物理的な方法を害虫防除に活用する他，天敵を利用する生物的防除に注目が集まっている。これらの新防除技術と既存の化学農薬を組み合わせ，病害虫を根絶するのではなく作物の経済的被害が許容できる水準にその密度を抑えていく総合的病害虫管理（Integrated Pest Management：IPM）による栽培方法を普及させていくことも，今後はより重要になるであろう。

（大村尚）

参考図書・文献

1）Oerke, E. C.：*Journal of Agricultural Science*, 144, 31-43（2006）
2）藤崎憲治：『昆虫未来学「四億年の知恵」に学ぶ』，新潮社（2010）
3）中筋房夫，大林延夫，藤家梓：『害虫防除』，朝倉書店（1997）
4）宮川恒，田村廣人，浅見忠男ほか：『新版 農薬の科学』，朝倉書店（2019）
5）佐藤仁彦，宮本徹ほか：『農薬学』，朝倉書店（2003）

2.9 家畜の餌を作る

■日本の畜産と餌の需給

　日本の畜産は，畜産物に対する需要の変化，自由化への動き，糞尿由来の環境問題などへの対応として，経営規模の拡大，育種改良による家畜能力の向上，飼養管理技術の改善などを進めてきた。その結果，餌の需給も大きく影響を受け，飼料全体の自給率は 2019 年度の概算値で，25.5％となっている（図 2.9.1）。餌供給のうち，最も多いのが輸入濃厚飼料で，次いで国産粗飼料，国産濃厚飼料，輸入粗飼料と続く。輸入したヒトの食料用穀物の加工副産物である油かす，ぬか類なども積極的に飼料として利用されており，これらも輸入濃厚飼料に含まれる。油かす，ぬか類などの副産物，食品の売れ残りや食べ残しを含む食品残渣利用飼料（エコフィード）の活用は，日本の食料供給全体の効率改善に寄与する。

■日本国内の餌生産

　粗飼料は反芻家畜を含む草食動物に必須の餌で，牧草，青刈り飼料作物類などからなる。牧草はイネ科またはマメ科に属し，イネ科牧草はさらに寒地型と

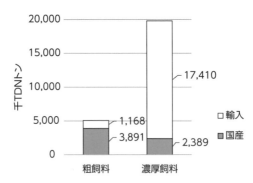

図 2.9.1　日本における粗飼料と濃厚飼料の需給

2020 年度　農林水産省　飼料をめぐる情勢（データ版）より作図。
2019 年度の概算値。TDN は Total digestible nutrients（可消化養分総量）。

2

陸の生物生産

図 2.9.2 牛の放牧

暖地型に分類される。寒地型牧草はすべてウシノケグサ亜科に属し，起源が温帯で多くは C_3 植物であり，春によく生育する。暖地型牧草は，スズメノガヤ亜科またはキビ亜科に属し，起源が亜熱帯または熱帯で多くは C_4 植物であり，夏に乾物生産が高まる。マメ科牧草はソラマメ亜科に属し，粗タンパク質を多く含み，根粒菌による窒素固定を通じて，肥料による窒素投入を抑制することができる。青刈り飼料作物類にはトウモロコシやソルゴー，麦類（エンバク，ライムギなど）が含まれる。なお，麦類は上述の寒地型牧草と同じウシノケグサ亜科に属する。

　牧草は刈り取って乾草やサイレージとして貯蔵したり，家畜を放牧（図 2.9.2）して直接採食させたりして利用する。再生力が高く，1 年に複数回の刈り取りが可能なものが多い。また播種後何年も利用可能な多年生の性質をもつものも多い。青刈り飼料作物類のうち，トウモロコシやソルゴーは地上部全体を刈り取られ，主にサイレージとして利用され，麦類はサイレージの他，乾草としても利用される。播種後 1 年以内に 1 回刈り取られて枯死する 1 年生の植物がほとんどである。

　牧草や青刈り飼料作物類などを含む作物の生育特性に応じ，栽培する季節や順序を調節して，圃場を有効利用するシステムを作付体系と呼ぶ。たとえば，寒地型牧草であるイタリアンライグラスを秋に播種して翌年春に収穫し，その後青刈りトウモロコシを播種して，秋までに収穫する作付体系は，年間の面積あたり収穫量が極めて高い。また，種ごとの季節生産性や成分含有率の特徴を考慮して，1 つの圃場に複数の牧草種を同時に播種することを混播という。たとえば，イネ科牧草とマメ科牧草の混播は，イネ科牧草の高い乾物生産量と，マメ科牧草の高い粗タンパク質含有率とをともに活かした粗飼料生産を可能に

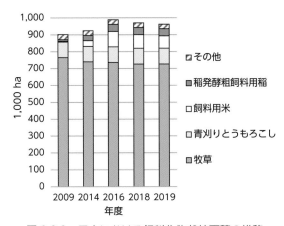

図 2.9.3　日本における飼料作物栽培面積の推移

農水省統計データおよび 2020 年度飼料をめぐる情勢（データ版）より作図

する。

　2019 年度における日本の飼料作物の合計作付面積は約 96 万 ha であり，農作物全体の作付のべ面積約 440 万 ha の中で，ヒト用の子実用水稲（約 147 万 ha）に次いで 2 番目に多い（2020 年度農水省）。飼料作物の中では牧草の作付面積が最も多く，次いで青刈りトウモロコシ，飼料用米，稲発酵粗飼料用稲の順となっている（図 2.9.3）。

　2014 年以降，特に増加しているのが，稲発酵粗飼料や飼料用米の栽培面積である。稲発酵粗飼料は，稲の茎葉と子実を含む地上部を，サイレージとして収穫・調製したもので，粗飼料として利用される。一方，飼料用米は濃厚飼料として利用される。広島県では，地域の水田で収穫・調製した稲発酵粗飼料を，地域の TMR センターで様々な飼料と混合して TMR（Total mixed ration：混合飼料）として調製し，地域の畜産農家に供給するシステムが構築されている。このシステムは，飼料自給率を高めることに加えて，地域の水田の有効活用と農村地域全体の活性化に寄与している。

　耕作放棄地の放牧利用や，山地や林地での放牧も推進されている。これらの放牧では，シバやススキなどの日本在来の野草を活用することができる。あらゆる資源を活用して，餌の自給率を高めるための技術について，多くの研究が行われている。

2

陸の生物生産

■餌を生産することの意義

　家畜・家禽が食べた餌に含まれる窒素やリンなどの養分は，すべて畜産物に変換されるわけではなく，その一部は糞尿に移行する。畜産業から排出される家畜糞尿に対して適切な堆肥化の処理を行った後，農地に施用することで，臭気の問題や，糞尿中の養分の環境（地下水，河川，大気等）への流出を抑制することができる。また，餌の生産や，ヒト用の穀物や野菜等の農産物の生産に有用な資源となって，化学肥料の投入量を低減できる。飼料作物の栽培面積が増加して飼料自給率が向上すれば，堆肥の活用範囲がさらに広がることになり，物質循環に基づき，環境と調和した日本畜産の構築に寄与する。畜産物は大地からの恵みなのである。

（黒川勇三）

参考図書・文献

1）大久保忠旦ほか：『草地学』，文永堂出版（1990）
2）河野幸雄：極短穂イネホールクロップサイレージを用いた和牛用 TMR の開発，日本草地学会誌，**66**，50-53（2020）
3）森本隆義：広島県における和牛 TMR センターの設立と活動の概要，日本草地学会誌，**66**，54-56（2020）

2.10　動物との出会いと利用

■家畜

　家畜は，生物学的には「生殖がヒトによってコントロールされており，野生群から遺伝的に隔離された動物」と定義される。家畜は利用目的によって，産業家畜・社会家畜・科学家畜の３つに大別される。産業家畜は，乳・肉・卵・皮・毛・羽毛などの食料を含む畜産物を生産するための用畜（ウシ・ブタ・ニワトリ・ヤギ・ヒツジ・アヒルなど）と，労働力を得るための役畜（ウマ・スイギュウ・ラクダなど）に分けられる。先進国では役畜がほとんど姿を消したが，発展途上国ではまだまだ数が多い。社会家畜は，イヌ・ネコのようにヒトが愛玩のために飼育する動物や，観賞用のニワトリや闘技用のウシ，競争用のウマのようにヒトの娯楽の対象になる動物が該当する。科学家畜は，実験用のマウス（ハツカネズミ）やラット（ドブネズミ）のように，科学研究に利用される動物が該当する。

　一般に，家畜は哺乳類および鳥類に属する動物のみを指す場合が多いが，昆虫であるミツバチやカイコも広義の家畜に含まれる。また，鳥類に属するものを家禽とし，これに対して哺乳類に属するもののみを狭義の家畜と呼ぶこともある。

　世界には多種類の家畜が存在するが，そのうちウシ・ブタ・ニワトリがその利用頻度の高さから３大家畜と呼ばれる。一方，砂漠地帯のラクダや寒冷地のトナカイ，南米のリャマやアルパカなど，世界的には少数であるが，それぞれの地域特性に順応した家畜が存在することを忘れてはいけない。

　家畜には一般に品種が存在する。品種とは，ウシであればウシといった同一の家畜種のうち，形態や性質といったある一定の特徴（形質）を保有する集団であり，その形質が次世代へ遺伝していくものをいう。なお，ニワトリにおいて典型的にみられる，同一品種内で毛色などが異なる集団を内種と呼ぶ。

■家畜化

　家畜化とは，ヒトが動物の生殖をコントロールし，遺伝的改良をはじめ，そ

表 2.10.1 主要な家畜の祖先種と家畜化の年代

家畜名	祖先種(学名)	家畜化開始の年代
イヌ	タイリクオオカミ(*Canis lupus*)	B.C. 9,000-33,000 年
ヤギ	ベゾアール(*Capra aegagrus*)	B.C. 8,000-10,000 年
	マーコール(*Capra falconeri*)	
	アイベックス(*Capra ibex*)	
ヒツジ	ムフロン(*Ovis orientalis*)	B.C. 8,000-10,000 年
ウシ	オーロックス(*Bos primigenius*)	B.C. 8,000-10,000 年
ブタ	アジアイノシシ(*Sus scrofa vittatus*)	B.C. 8,000 年
	ヨーロッパイノシシ(*Sus scrofa scrofa*)	
	インドイノシシ(*Sus scrofa cristatus*)	
ニワトリ	セキショクヤケイ(*Gallus gallus*)	B.C. 6,000 年
ウマ	モウコノウマ(*Equus przewalskii*)	B.C. 3,500 年

の他必要な改良を進める過程である。また，家畜化には逆方向の過程である再野生化も含まれる。

　ヒトは，600万～700万年という歴史の大部分の期間，狩猟と採取によって食料を獲得してきた。狩猟採取から農耕牧畜による食料生産へ移行したのは，1万～2万年前と，ごく最近のことである。現在，全世界における既知の哺乳類は約6,000種，鳥類は約11,000種である。これらの野生動物の多くは，飼い馴らすことができる。しかし，ヒトの管理下で繁殖できるか，またヒトに有用性をもたらす形態や習性を選択できるかについては，その動物の習性や行動に大きく左右される。このため，人類が家畜化に成功した動物はごくわずかである。これらの動物も，過去に複数の地域で試行と失敗を経て家畜化されたと考えられる。家畜化されやすい動物には，絶対ではないものの一定の条件が備わっている。列挙すると，①群居性がある，②配偶関係が一夫一妻でない，③性質が温順でヒトに馴れやすい，④行動が比較的遅い，⑤草食あるいは雑食性である，⑥性成熟が早く多産である，⑦環境への適応力が高い，などである。

　各種動物の家畜化は，そのほとんどが紀元前（B.C.）になされ，イヌが最も古く，少なくとも1万年以上前に家畜化されたと考えられている（表2.10.1）。ウサギやウズラが家畜化されたのは比較的最近であり，それぞれ1500年前頃と500年前頃とされている。家畜の体型は，一般に家畜化によって，あるいは家畜化された後の用途によって変化する（図2.10.1）。以下にウシ・ブタ・ニワトリを例に挙げ，体型の変化を解説する。

ウシ　原種のオーロックス（1627年絶滅）では後躯が引き締まっている。使

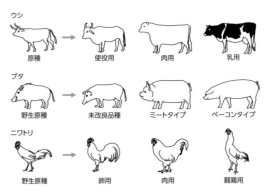

図2.10.1　家畜化に伴う体型の変化

役用の品種では野生原種と同様の体型を示すが，乳用品種では発達した乳房を支えるために後躯が大きくなる。また，肉用品種では可食部分を増やすために前躯後躯ともに発達している。

ブタ　東南アジアに多いあまり改良が進んでいない品種では，野生原種のイノシシと似た体型を示す。精肉をとるための品種（ミートタイプ）では前躯後躯ともに肉付きが良い。加工用の肉をとるための品種（ベーコンタイプ）では，特に後躯の発達が良い。脂をとるための品種（ラードタイプ）も存在するが，植物油が普及している現代ではほとんど飼育されていない。

ニワトリ　卵用品種の体型は概して野生原種のセキショクヤケイに似る。肉用品種では可食部を増やすために正方形型となる。オオシャモのような闘鶏では，縦長の長方形を示す。他にも卵肉兼用品種と観賞用品種が存在する。

　家畜の主要な品種について，その用途や原産地などを表2.10.2にまとめた。なお，ブタとニワトリにおいては，採肉を目的とする場合，純粋品種をそのまま用いるのではなく，異なる品種を交配して得られた交雑種を用いることが一般的である。

■ゲノム解析

　それぞれの生物種における染色体上の遺伝子がもつ全遺伝情報のことをゲノムという。したがって，ゲノムのもつ遺伝情報は，デオキシリボ核酸（DNA）の4種類の塩基（A，T，G，C）の組み合わせからなる。どの染色体のどの位置にどのような遺伝子が存在するか，またその遺伝子はどのような構造でどのような機能をもつかなどを，分子生物学手法を用いて解析することをゲノム解

表 2.10.2　主要な家畜の代表的品種，用途ならびに原産地

家畜名	用途など	品種名（原産地）
ウシ	乳用	ホルスタイン（オランダ），ジャージー，エアシャー（イギリス）
	肉用	アバディン・アンガス，ヘレフォード，ショートホーン（イギリス）
	乳肉兼用	スイスブラウン（スイス），ノルマンディー（フランス），デイリーショートホーン（イギリス）
ウマ	競馬用	サラブレッド（イギリス），アラブ（中近東）
	ばんえい・肉用	シャイヤ，クライスデール（イギリス），ペルシュロン，ブルトン（フランス）
	ショー・馬術用	アパルーサ，ピント（アメリカ），リピッツナー（オーストリア）
ブタ	ミートタイプ	中ヨークシャー，バークシャー（イギリス），デュロック，ハンプシャー（アメリカ）
	ベーコンタイプ	ランドレース（デンマーク），大ヨークシャー，ラージブラック，ウエルシュ（イギリス）
	ラードタイプ	マンガリッツァ（ハンガリー）
ヒツジ	羊毛用	メリノー（オーストラリア），レスター，リンカーン（イギリス）
	肉用	サフォーク，チェビオット，サウスダウン（イギリス）
	毛肉兼用	ドーセットホーン（イギリス），コリデール（ニュージーランド）
ヤギ	乳用	ベゾアール型：　ザーネン（スイス）
	毛用	サバナ型：　マンバー（シリア），カシミヤ（モンゴル）
	肉用	ジャムナパリ型：　ジャムナパリ（インド）
ニワトリ	卵用	白色レグホーン（イタリア），ミノルカ（スペイン）
	肉用	コーニッシュ（イギリス），コーチン（中国），ブラーマ（インド）
	卵肉兼用	横斑プリマスロック，白色プリマスロック，ロードアイランドレッド，ニューハンプシャー（アメリカ），名古屋（日本）
	観賞用	シーブライトバンタム（イギリス），ポーリッシュ（ポーランド），尾長鶏，小国，東天紅，チャボ，コシャモ（日本）

析という。近年，家畜を対象としたゲノム解析が急速に進行している。

　古典的な優良家畜の生産は，ヒトからみて望ましい形質（肉付きが良い，卵をたくさん産むなど）をもっている個体どうしを交配し，次世代に現れた優良個体どうしを再び交配する（選抜育種を行う）ことを繰り返すことによってなされてきた。特に20世紀以降は，選抜育種のために統計遺伝学的手法が用いられ，成果を上げてきた。しかし，この手法は環境の影響を大きく受けることがあるため，必ずしも遺伝的に優良な個体を選抜できるとは限らない。近年，ゲノム解析の発展に伴い，優良な形質を支配する遺伝子の染色体上の位置（遺伝子座）や，その遺伝子そのものを把握することが可能になった。優良形質を支配する遺伝子座や遺伝子そのものが明らかになれば，これを指標に用いて，環境の影響をほとんど受けない正確で効率的な選抜育種が可能になる。この新たな育種法をゲノム育種と呼ぶ。

　また，最近のゲノム解析により，家畜化に関わる遺伝子が明らかになりつつ

ある。たとえば，イヌとその野生原種のオオカミの全ゲノムを比較することにより，イヌにはオオカミにはない，デンプンを消化するための遺伝子群が備わっていることが明らかになった。すなわち，イヌは家畜化の過程で，飼い主であるヒトと同じデンプンを多く含む食事（おそらく残飯）を摂取できるように進化したと考えられる。

（中村隼明）

参考図書・文献

1）Broom D.M., 正田陽一：『動物大百科 家畜』，平凡社（1987）
2）田先威和夫：『畜産大辞典』，養賢堂（1996）
3）Axelsson E., Ratnakumar A., *et al*：*Nature*, **495**, 360-364（2013）

2.11　生命の誕生と操作：哺乳動物の雌雄産み分け法

　畜産分野の雌雄産み分け技術は，古くは，受精卵移植前に割球の一部を採取し（バイオプシー），そのDNA検査（Y染色体を増殖するPCR法やFISH法）により受精卵の性（XXあるいはXY）を決定する方法が開発された。しかし，各受精卵から割球をマイクロマニピュレーションにより採取する必要があるなど，熟練した実施者，必要な機器，および検査にかかるコストなどの問題から，普及していない。一方，性を決定するのは精子であることから，Y染色体を有する精子とX染色体を有する精子を，DNAの二重らせん構造の内部に取り込まれるヘキストなどの蛍光試薬で染色する方法が普及している。Y染色体は，X染色体と比較して小さいため，取り込まれる蛍光試薬の量が少なくなる。特定の励起波長により発せられる蛍光量の差により，X精子とY精子を分離する。しかし，この差は非常に小さいことから，差を検出する条件設定がむずかしく，また差を検出し，かつ1匹1匹の精子を分離する装置（セルソーター）が必要である。したがって，1匹ずつ精子を分離する時間＋分離にかかるコストから，乳牛の雌の選択的生産や黒毛和種の雄牛生産などでの普及に留まっていて，多数の精子が必要なブタの人工授精ではまったく普及していない。

■精子形成の仕組み

　精子のもとになる精子幹細胞や精祖細胞（精子形成に向かうように機能が変化した細胞）は，染色体数が2n（ウシでは30対の60本，ブタでは19対の38本）である。それらが減数分裂を起こし，染色体数を半減した雄性配偶子（精子細胞）が形成される。この精子細胞が形態と機能を大きく変化させて精子へと変態する。この変態過程には多くのタンパク質が必要なので，精子細胞では活発な遺伝子発現が認められる。Y染色体には，胎児期の精巣形成に必要な遺伝子が主に存在しているが，精子形成に必要な遺伝子はないため，精子細胞ではY染色体からの遺伝子発現はほとんどない。しかし，X染色体には様々な機能をもつ遺伝子が存在し，その中には精子形成にも必要と考えられるものが多数ある。Y精子では，このX染色体由来のタンパク質を作れないが，精子

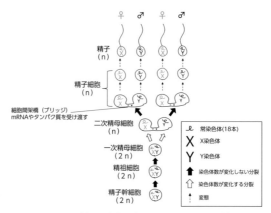

図 2.11.1　精子形成過程と染色体分配の仕組み

細胞どうしはブリッジ（細胞間架橋）で繋がれていて，そのブリッジを介して遺伝子（メッセンジャー RNA）やタンパク質を隣接する細胞間で交換している。これにより，X 精子と Y 精子は同数造精され，同じように運動し，受精することができると考えられてきた（図 2.11.1）。

■X 精子と Y 精子の潜在的機能差の発見

　X 精子と Y 精子には機能の差はないと考えられているが，それでも何らかの差があるのではないかと考え，以下の研究を行った。
1. 精子に発現している遺伝子をすべて解読し，
2. その発現している遺伝子がどの染色体由来であるかをマッピング
3. その結果から，X 染色体由来の発現遺伝子と Y 染色体由来の発現遺伝子を探索した。
　その結果，X 染色体にコードされる *Tlr7* と *Tlr8* が X 精子のみに発現していることを明らかとした。*Tlr7* と *Tlr8* 遺伝子から翻訳されるタンパク質 TLR7 と TLR8 は，Toll 様受容体ファミリーに属する受容体である。そのはたらきは，RNA ウイルスに感染したことを見分けるというものであり，主に免疫細胞に発現している。精子になぜ TLR7 と TLR8 が発現するのかの意義はわからないが，TLR7 は精子の尾部に，TLR8 は精子の中編部に局在することがわかった。

■X 精子に発現する TLR7 と TLR8 の機能

　RNA ウイルスが感染した細胞では，RNA がウイルス内部の逆転写酵素によ

り cDNA に変換され，そこから感染した細胞がもつ RNA 合成酵素の作用により メッセンジャー RNA が合成される。このメッセンジャー RNA が RNA ウイルスの増殖に必要な酵素をコードしているので，感染した細胞内で RNA ウイルスが増殖し，それが放出されることで感染が拡大していく。したがって，他の感染を認識する TLR ファミリー（細菌感染を認識する TLR2 や TLR4 など）とは異なり，TLR7 と TLR8 は細胞内部の小胞体に局在しているわけである。そして，ウイルスの増殖を防ぎ，排除する免疫力を高めるために TLR7 や TLR8 がインターフェロンの発現・分泌を促進する。また，感染した細胞では，TLR7 や TLR8 によって代謝活性を下げることで RNA ウイルスの増殖を抑制するという機能を発揮しているとも考えられている。さらに，TLR7 と TLR8 を事前に活性化させて免疫力を高めさせる目的で，RNA ウイルスそのものではなく，TLR7 と TLR8 に結合する化合物が免疫賦活化剤として開発されている。

　そこで，この免疫賦活化剤（R848）を添加した溶液で精子を培養し，精子の尾部や中編部に局在する TLR7 と TLR8 が機能を保持しているかを検討した。その結果，R848 により嫌気的解糖系が失活し，ATP 産生量が有意に低下した。そして，半数の精子は上層で激しく運動していたが，残り半数の精子が沈降し，不動化していた。この上層の精子を回収して DNA 解析を行った結果，90% 以上の精子が Y 染色体を有することが確認された。つまり，TLR7 と TLR8 をもつ X 精子だけが，RNA ウイルス存在下では不動化し，影響を受けない（受容体をもっていない）Y 精子だけが上向するという，X 精子と Y 精子の機能差を世界で初めて明らかとした（図 2.11.2）。

■簡易的な雌雄産み分け技術

　簡易的な性分離精子を用いた体外受精方法を開発した。運動精子は重力に逆らって上向し，不動化精子＋死滅精子は沈降する。また，R848 で処理したとき，

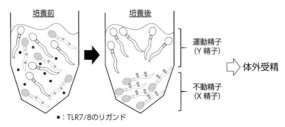

図 2.11.2　X 精子と Y 精子の機能差とそれを利用した精子分離法，雌雄産み分け法

X精子は沈降し，Y精子は上向するので，細長いチューブを用いて合成リガンド添加溶液で精子を培養し，上層と下層をそれぞれ回収した。上層から回収したY精子は，受精能獲得状態の激しい運動性を示し，下層のX精子は，洗浄後（合成リガンドを除去後）の運動性を観察すると，通常の運動性を示し，精子の形態（先体の有無を含む）も正常であった。そこで，この上層の精子（90%以上がY精子）と下層の精子（生存精子の90%程度がX精子）をそれぞれ回収し，体外受精を行った。その結果，いずれの精子も正常に受精し，受精卵のXX胚/XY胚比率は，上層精子ではXY胚が90%程度，下層精子ではXX胚が90%程度と大きく雌雄比を偏向させることに成功した。これらを移植した結果，同様の雌雄比で産子が得られた。

■畜産技術への展開

　畜産技術への展開として，以下の研究を行っている。この精子分離方法は，精子に受精能獲得（精子が，卵に侵入する準備ができた状態）を誘導する条件下で実施している。したがって，体外受精への適応は容易であり，実際にマウスで成功した。そこで，体外受精卵がすでに流通し，普及しているウシにおいて，精子の分離と体外受精を実施した。上層の精子を回収し，遠心洗浄後，体外受精に用いた結果，通常の体外受精と遜色なく受精し，卵割後，胚盤胞期胚へと発達し，作成した胚盤胞期胚（移植可能な発生段階）の90～95%程度がXY胚であることも確認された。ただし，体外受精の成績が悪い（融解後の運動性が悪い場合が多い）ロットでは，分離効率が悪いことから，その理由の解明と分離率向上の研究を行っている。また，下層の精子を用いた体外受精においても，処理後の再懸濁から体外受精の間に工夫が必要だが，XX胚を90%程度で生産できた。この技術により，乳牛では雌牛を肉牛では成長の早い雄牛の選択的な生産が可能になると期待される。

（島田昌之）

参考図書・文献

1）一般社団法人日本家畜人工授精師協会：『家畜人工授精講習会テキスト（家畜人工授精編）』（2016）
2）Umehara T, Tsujita N, *et al.*：*PLOS Biology*, 17, e3000398（2019）
3）Umehara T, Tsujita N, *et al.*：*Nature Protocols*, 15, 2645-2667（2020）

2.12　飼料から畜産物への変換

飼料の種類

　家畜から乳や肉などの畜産物を得るには飼料が必要である。飼料に含まれる栄養素が消化管から体内に吸収され，分解や生合成などの代謝を経て，畜産物に変換される。家畜の飼料は，その栄養的な特徴から，粗飼料と濃厚飼料に大きく分類される。

　粗飼料には牧草や青刈り作物などがあり，繊維質が多く，消化可能な養分含量は濃厚飼料に比べて少ない。牧草は放牧で利用される他，乾草やサイレージとして利用される。乾草は，水分が15％程度になるまで天日で牧草を乾燥させたものである。サイレージは，牧草を水分の高いまま，密封できる施設（サイロ）内に収容したり，ビニールなどで覆うことによって，乳酸発酵させて貯蔵したものである。代表的な青刈り作物であるトウモロコシは，その実，茎，葉を細断して貯蔵するホールクロップサイレージとして利用されている。牧草や青刈り作物には，収穫するのにちょうど良い生育時期があり，専用の機械を使って収穫調製作業が行われる（図 2.12.1）。

　濃厚飼料には穀類（トウモロコシ，ソルガム，麦類など），ぬか類（米ぬかなど），油粕類（大豆粕，ナタネ粕など）などがあり，家畜が消化利用できる炭水化物，タンパク質，脂質などの栄養素を多く含む。穀類はデンプンを多く含み，家畜の種類を問わず，主にエネルギーを供給する飼料として使われる。精米や小麦の製粉の際に取り除かれる穀実の外皮は，それぞれ米ぬかおよびフスマと呼ばれ，これらもエネルギー飼料として広く使われている。大豆，綿実，ナタネなどの豆や種実は脂肪を多く含み，それらから採油した際の副産物である油粕類は，タンパク質含量の高い飼料原料として使われている。農作物の収穫や食品製造の過程で生じる人の食用にならない部分は，副産物飼料として有効に利用されている。実際に家畜に与える濃厚飼料は，飼料原料の養分含量や価格を考慮しながら，家畜の生産に必要な養分が十分に含まれるように，多種類の飼料原料を混合した配合飼料として使われている（図 2.12.2）。

図 2.12.1　牧草の収穫のようす

図 2.12.2　乳牛用の配合飼料

■家畜の消化システムと飼料

　家畜に与える飼料の種類は，家畜の消化管組織の形態と深い関係がある。ウシ，ヒツジ，ウマなどの草食家畜は，粗飼料に多く含まれる繊維質をよく消化できるが，これは消化管内に生息する微生物のはたらきによるものである。

　ウシやヒツジなどの反芻家畜は，非常に大きな容積をもつ反芻胃（第一胃と第二胃）を有し，そこに生息する無数の嫌気性細菌や原生動物によって繊維質が糖類に分解される。この分解産物は微生物による嫌気的な発酵によってさらに酢酸，プロピオン酸，酪酸などの揮発性脂肪酸（短鎖脂肪酸ともいう）や二酸化炭素およびメタンなどのガスに変換される（図 2.12.3）。揮発性脂肪酸は反芻胃から血液中に吸収されて，エネルギー源や体脂肪合成などに使われる。反芻胃内で増殖した微生物自体は，内容物とともに小腸へ流れていき，そこで消化されて主要なタンパク質源となる。反芻家畜は，反芻胃内に留まっている食塊を吐き戻し，再び咀嚼する反芻行動を行う点に大きな特徴がある。この反芻によって，粗剛な飼料も微細な粒子となり，微生物による消化が進みやすくなる。ウマでは盲腸や結腸の容積が非常に大きく，そこで微生物による繊維質の分解と発酵が行われている。このように，草食家畜では，消化管内微生物のはたらきと動物の栄養とが深い関係にあり，消化管内微生物のはたらきを維持するのに粗飼料が必要である。

　一方，ブタやニワトリでは，ヒトと同じように小腸における消化酵素による消化が主体となり，大腸での消化の程度は小さく，粗飼料をよく消化できない。そのため，これらの動物には穀類を中心とする濃厚飼料が主に用いられる。

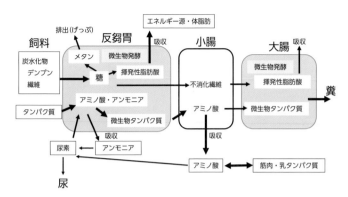

図 2.12.3　ウシの消化管内と体内での養分のゆくえ

飼料の利用効率

　飼料に含まれる栄養素やエネルギーは，その一部が生産物に変換される。乳牛での乳生産を例にとると，1日40kg近くの乳を生産する乳牛では，乾燥重量で1日あたり22kgほどの飼料を食べる。この場合，飼料として摂取した化学エネルギーのうち，乳の化学エネルギーとして回収されるのは27％程度であり，残りは糞（34％）や反芻胃内発酵で生じるメタン（6％）に含まれる化学エネルギーの他，熱エネルギーとして34％が体から放散される。乳牛は牛乳のタンパク質を1頭1日あたり1kg程度生産するが，これは飼料として摂取したタンパク質量の30％程度である。タンパク質として摂取した窒素のうち，体に利用されない部分は糞や尿中の窒素化合物として排泄される。窒素の利用効率はウシに比べると，ニワトリやブタの方が高い（表 2.12.1）。飼料から畜産物への物質やエネルギーの変換効率を高めるために，飼料の加工，配合組成，給与方法などの面で様々な技術が使われている。

環境問題との関連

　糞尿中の窒素から生じる一酸化二窒素（N_2O）や消化管内発酵で生じるメタンは，飼料中の栄養分のうち生産に利用できない損失部分であるとともに，環境問題の面からも見過ごせない。一酸化二窒素やメタンは温室効果ガスとして，地球環境に影響を及ぼす。農業分野から発生する温室効果ガス（二酸化炭素換算）のうち，反芻家畜の反芻胃を主な発生源とする消化管内発酵由来のメタン

表 2.12.1　様々な家畜での飼料から生産物への窒素効率報告値

動物種	生産物	窒素効率（%）
泌乳牛	乳	29.7
肉牛	成長	12.5
肥育豚	成長	57.0
産卵鶏	卵	31.2
ブロイラー	成長	46.5

は40%程を占めている。こうした家畜からの温室効果ガスの排泄を抑えるために，反芻胃内微生物の活性を調節する天然物質を飼料に添加するなど，様々な技術が開発されつつある。

■畜産物の品質と飼料との関係

　飼料の特性は家畜の成長速度や乳生産量に影響するだけでなく，畜産物の品質にも影響する。肥育期のブタに，アミノ酸のうちリジンを必要量より少しだけ少なくした飼料を与えると，筋肉内脂肪（霜降り）の高い豚肉が得られる。肉牛の肥育では，飼料中のビタミンAやβカロテンが少ないと筋肉内脂肪が増える。乳牛では，質の良い粗飼料を多く与えることで，乳脂率の高い牛乳を得ることができる。こうした高品質の畜産物を得るための飼料給与技術について，研究開発が進められている。

（小櫃剛人）

参考図書・文献

　1）増子孝義，花田正明，中辻浩喜：『乳牛栄養学の基礎と応用』，デーリィ・ジャパン社（2010）
　2）石橋晃，板橋久雄，祐森誠司，松井徹，森田哲夫：『動物飼養学』，養賢堂（2011）

2.13 乳生産を保つ体の仕組み

■恒常性（ホメオスタシス）

　高等動物は種々の環境の変化に対応して内部環境を調整し，適応する機構を備えている。これは個体レベルだけではなく，組織・細胞レベルでも同様であり，細胞内部に存在している種々の条件からなる内部環境と，細胞の外部を囲む外部環境との間に動的な平衡関係が成立している。このような現象を恒常性（ホメオスタシス）という。この環境の変化に適応する機構には，神経的（伝導的）調節機構と体液的（輸送的）調節機構があり，後者の主要な役割を果たしているのがホルモンである。ホルモンによる調節機構には，

1. 分泌されたホルモンが血流中に拡散し，全身の標的組織（細胞）の反応を引き起こす内分泌（エンドクライン）
2. 分泌されたホルモンが局所的に拡散し，隣接する細胞の反応を引き起こす傍分泌（パラクライン）
3. 分泌されたホルモンが局所的に拡散し，分泌した細胞の反応を引き起こす自己分泌（オートクライン）
4. 神経末端から分泌されたホルモンが血流中に拡散し，全身の標的組織（細胞）の反応を引き起こす神経内分泌（ニューロクライン）

　という，4つの主要伝達経路がある。

■インスリンの血糖調節作用

　膵臓ランゲルハンス島 β 細胞から分泌されるインスリンは，三大栄養素（炭水化物・タンパク質・脂質）に対して，同化作用を示す唯一のホルモンであり，栄養生理学的に重要なホルモンの1つである。ブタなどの単胃動物において摂取された炭水化物は，様々な消化酵素によりグルコースに分解され腸管から血液へと吸収される。インスリンの分泌は血糖値に依存しており，血糖値が増加するとインスリンは多く分泌される（図2.13.1）。血糖値が正常またはそれ以下（110mg/dL 以下）の場合は，インスリンの分泌量も少ないというように，インスリン分泌はグルコースによるフィードバック支配を受けている。血糖値

上昇に伴い分泌されたインスリンの刺激により，インスリン標的組織である肝臓，筋肉および脂肪組織などの体組織にグルコースが取り込まれ，組織へ輸送されたグルコースは，エネルギー源などに利用される。

　一方で，ウシやヒツジなどの反芻動物において，炭水化物はルーメン（反芻胃）内微生物の発酵を受け，酢酸，プロピオン酸や酪酸などの揮発性脂肪酸（VFA）に分解され胃壁から吸収されるため，腸管からのグルコースの吸収はほとんど無い。そのため，反芻動物の血糖値は単胃動物と比べて約 60mg/dL と低い。この反芻動物の血糖値は肝臓での連続的なグルコース産生（糖新生）に依存しており，吸収されたプロピオン酸などは糖原性物質となる。前述のように，反芻動物は腸管からのグルコース吸収がほとんど無いため，食後の血糖値の上昇がみられない。しかしながら吸収されたプロピオン酸や酪酸など一部の VFA は，膵臓ランゲルハンス島 β 細胞に作用しインスリン分泌を促進する。

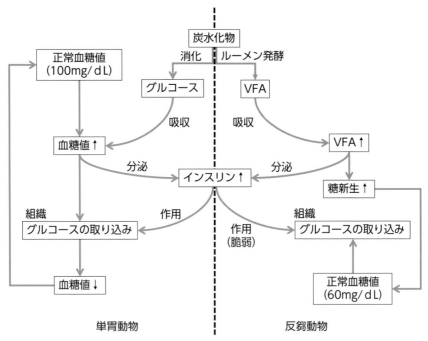

図 2.13.1　単胃動物と反芻動物のインスリンによる血糖調節作用
反芻動物ではインスリン分泌におけるグルコースのフィードバック支配はない。

そのため，食事後に血中インスリン濃度の増加はみられる。血糖値は糖新生に依存し単胃動物と比較して低いものの，VFA によって分泌されたインスリンは，単胃動物同様に体組織へのグルコース取り込みを促進する。しかし，その作用は単胃動物と比べて弱い（インスリン抵抗性）。以上のような血糖値調節機構により，動物は正常血糖値を維持している。

■流常性（ホメオレシス）

　高等動物の内部環境における恒常性は，成長，妊娠，出産，泌乳など内部環境の変化に伴う生体の栄養代謝の変化に応じて，その設定点が変化する。このような現象を流常性（ホメオレシス）という。

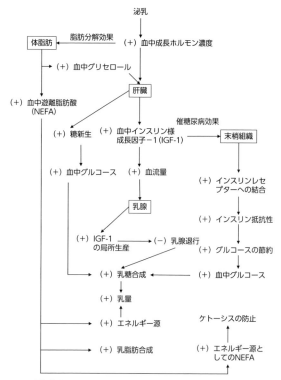

図 2.13.2　増乳作用を示す成長ホルモンの脂肪分解および催糖尿病効果（佐々木康之 監修，小原嘉昭 編：『反芻動物の栄養生理学』，農山漁村文化協会（1998），図 6-13 を一部改変）

■成長ホルモンによる増乳効果

　下垂体前葉から分泌される成長ホルモン（GH）は，骨成長，タンパク質合成を直接的に促進する。また肝臓からのインスリン様成長因子1（IGF-1）の分泌を促進し，IGF-1は細胞増殖や肥大を促進する。このようにGHは動物の成長に重要なホルモンである。一方で，GHは肝臓からのグルコースの放出や脂肪分解促進などの異化作用を有し，インスリンの同化作用を抑制する。GHの血中濃度は，新生児で最も高く，成長に伴い徐々に低下するが，その後は一定の値で分泌される。これは，GHが単に成長のみでなく幅広い栄養代謝機構に必要であることを意味している。

　乳牛において血中GH濃度は，出産に伴う泌乳と呼応して増加する（図2.13.2）。血中GH濃度の増加は，肝臓での糖新生の促進や脂肪組織での脂肪分解を促進する。GHによって分泌されたIGF-1は乳腺で血流を増大させるとともに，インスリン抵抗性を高め，乳腺以外でのグルコース利用を抑制する。このような一連のGHによる作用により，栄養素の分配が泌乳中心にシフトすることで乳汁生産が促進される。このような泌乳といった生理状態を維持するために，生体はGHの分泌量を増加させるなどの変化を引き起こし，恒常性の設定点を変化させ，内部環境を適応させている。

（杉野利久）

参考図書・文献
1）加藤和雄，古瀬充宏，盧尚建 編：『新編 家畜生理学』，養賢堂（2015）
2）池内昌彦，伊藤元己，箸本春樹，道上達男 監訳：『キャンベル生物学 原書11版』，丸善出版（2018）
3）佐々木康之 監修，小原嘉昭 編：『反芻動物の栄養生理学』，農山漁村文化協会（1998）

2.14 家畜生産における温熱環境の重要性

■家畜を取り巻く環境

　動物は地球上のほとんどすべての地域に生息し，その環境に適応・馴化している。このような動物を取り巻く環境を形成しているのは，気候的な要因だけではない。表2.14.1に示したように，マクロスケール，メソスケールでは，緯度，標高，地形，水質，植生など地勢的要因も影響を及ぼし，ミクロスケールでは，物理的，化学的，生物的要因，加えて社会的要因が環境を構成するものとして挙げられる。環境が動物に与える影響は，これら様々な環境要因の複合体によるものであり，その作用は多種多様といえる。

　家畜生産を考えるうえでは，個々の環境要因と家畜との関係を環境生理学的観点から理解しておくことが，非常に重要となる。とりわけ，温度，湿度，風，放射熱などの要因が関係する温熱環境に対しては，注意を払う必要がある。

■摂取エネルギーの流れ

　温熱環境が家畜生産における第1の環境要因に挙げられる理由としては，それが生体のエネルギー収支に直接関与するためである。このことを理解するためには，まず動物が摂取したエネルギーの流れについて理解する必要がある。図2.14.1に示したように，動物が摂取した総エネルギーは，消化・吸収〜利用

表2.14.1　動物生産現場における動物を取り巻く環境要因

空間スケール	区分	構成要因
マクロスケールあるいはメソスケール	気候的要因	気温，気湿，気圧，気流，放射線，降雨，降雪，降霜など
	地勢的要因	緯度，標高，方位，傾斜度，地形，水利，植生など
ミクロスケール	物理的要因	温度，湿度，風，放射熱，光，音，重力など
	化学的要因	空気組成，飲料水，飼料，糞尿，塵埃など
	生物的要因	野生動植物，内外寄生虫，病原微生物，土壌微生物など
	社会的要因	同種／異種間，個体間，個体群間，親子間，ヒトとの関わりなど

「家畜の管理（野附 巌・山本禎紀 編著）」から引用・改編

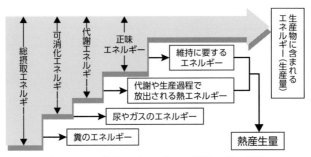

図 2.14.1　摂取エネルギーの代謝・利用経路

されるなか，様々な形で失われていく。まず，消化されなかったもの，すなわち糞中へのエネルギー損失，ついで，消化後の代謝過程におけるメタンやタンパク質代謝最終産物などが，尿やガスとなって失われる。加えて，摂取に伴う消化活動や代謝過程で消費されるエネルギーが，最終的に熱エネルギーとして体外に放出される。したがって，生産効率を上げるためには，エネルギー摂取量あるいはその利用率を上げることと想像に難くない。温熱環境は，この両者に影響を及ぼす。

　たとえば，ウシにおいて乳生産に使われるエネルギーは，摂取した飼料の総エネルギーのおよそ 6 分の 1 程度であり，残りは損失エネルギーとして生産には直接利用されない。

■環境温度と体温調節

　動物の体温は，体熱の産生と放散の平衡関係のもとに恒常性を保っている。体熱の源は，前述のように摂取したエネルギーであり，代謝や生産過程で生じる熱エネルギーと体の維持（体温調節を含む）などに要するエネルギーの和である（図 2.14.1）。一方，体内で発生した熱は放散される。この熱の放散，すなわち放熱は大別すると顕熱放散と潜熱放散とがあり，前者は，対流，伝導，放射といった経路によるものであり，後者は，呼気あるいは体表面からの水分の蒸発に伴う経路である。図 2.14.2 に環境温度と体熱平衡との関係について示した。たとえば，寒冷環境では，顕熱放散量が増加するため，熱産生量を増加させて体温の維持を図る。暑熱環境では，顕熱放散量が減少するため，発汗や熱性多呼吸により潜熱放散量を増加させて放熱を促す。寒冷暑熱いずれの場合も損失エネルギーは増大することとなる。

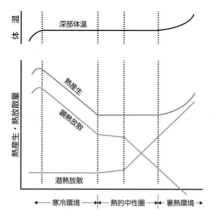

図 2.14.2 環境温度と体熱平衡の関係

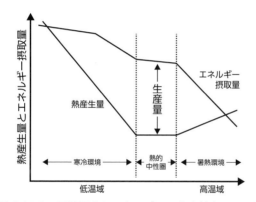

図 2.14.3 環境温度とエネルギーの生産効率との関係

　これらをエネルギー摂取の観点からみると，前述のように寒冷環境では熱産生のために摂取量は増加するが，暑熱環境においては代謝や生産過程での熱の産生を抑えるために摂取量は減少することとなる。動物の体温調節中枢は，摂食調節中枢と同じ視床下部に存在し密接な関係にあることも知られており，食欲は寒冷環境で増加し，逆に暑熱環境で減退する。さらに，環境温度は，摂取した飼料の消化〜吸収過程ならびに生産効率にも影響する。以上のように，生産量を決定付ける重要な要因は，エネルギー摂取と熱産生量であり，両者の差が最大となる，すなわち，損失エネルギーが最少となる温域が生産適温域であると理解できる（図 2.14.3：図中では熱的中性圏として示した）。

　近代的な家畜生産においては，このような温熱環境の調節は空調システムによ

り制御可能となった。しかし，乳牛においては，飼養方式がこれらの導入に適さないこと，彼らの品種名が欧州の冷涼な地域名に由来することからもわかるように暑さに非常に弱いことから，暑熱環境の制御は，いまなお解決すべき問題である。とりわけ，いずれの家畜・家禽においてもシステム導入が遅れているアジア諸国においては，進行する地球温暖化からも温熱環境の制御は，今後ますます重要な課題となる。

（豊後貴嗣）

参考図書・文献

1）野附巖，山本禎紀 編著：『家畜の管理』，文永堂出版（1991）
2）本間研一，彼末一之 編著：『環境生理学』，北海道大学図書刊行会（2007）

2.15　家畜の行動生理と情動

2

陸の生物生産

■我が国における「家畜」とは

「家畜」とは，「動物から生み出される生産物を利用するために人間により育種改良された動物」と定義される。広義の家畜にはウシ，ブタ，ヤギ，ヒツジ，ウマなどの哺乳類，ニワトリ，ウズラ，シチメンチョウなどの鳥類，コイ，キンギョなどの魚類，カイコ，ミツバチなどの昆虫類，およびイヌ，ネコなどの愛玩動物が含まれるが，狭義では哺乳類および鳥類のみを指すことが多く，我が国における主要な家畜としては，ウシ，ブタ，ニワトリ，ウズラ，ヤギ，ヒツジ，およびウマが挙げられるであろう。我が国における家畜は元来，農耕・運搬・移動などのいわゆる「役畜」として利用されてきたが，明治以降の食生活の劇的な変化に伴い，現在では肉・乳・卵などの畜産物を生産するための「用畜」としての利用が主流である。そのような変化に対応するため，生産現場では家畜飼養の集約化・多頭化，作業の機械化，労働力の外注化などによって家畜および労働の生産性を高め，畜産物を安価にかつ効率良く生産することに尽力してきた。しかし近年は，家畜個体に不快な「情動」を生じさせないための，快適な飼育環境の提供を重視した家畜主体の飼育管理手法，いわゆるアニマルウェルフェアの推進がEUを中心として主流になりつつある。

■「情動」研究の重要性

情動とは，「客観的に捉えることが可能な，喜怒哀楽に関する行動あるいは生理反応」と定義される。もし「家畜を含む動物が喜び・怒り・哀しみ・不快などの感情をその内面に生じさせている」と我々が感じたとしても，動物は言語を用いて我々とコミュニケーションをとることができないため，動物の内面に生じた主観的体験について我々が知ることは基本的に不可能である。しかし我々は外部から観察・観測可能な様々な指標，たとえば動物の行動や身体的変化（攻撃や逃避行動，表情や筋肉の緊張具合など），自律神経系の活動変化（心拍数や体温の上昇など），内分泌系の応答（血糖値やストレスホルモンの分泌など）などをモニターすることにより，動物の内面に生じた情動を客観的に捉

124

えることが可能である。つまり家畜への快適性を重視した飼養管理技術を開発するためには，家畜の情動について深く知ることが不可欠であり，情動に関する研究の重要性は今後も増していくものと考えられる。

■情動は脳により生み出される

　家畜における環境・脳・情動および行動の関係について図 2.15.1 に示した。家畜は体の様々な部位にある感覚器を通じて外部環境の情報（光，音，温度，外敵や配偶者の接近など）を受容し，それらは感覚神経を通じて脳に伝達される。また家畜の内部環境（栄養状態，ホルモン濃度，自律神経系のバランスなど）に関する情報も脳へ伝達される。脳ではそれらの情報が統合・処理され，生存に有利であると判断されれば喜びの情動（快情動）が生じて外部刺激に対する接近行動を示し，また生存に不利と判断されれば恐怖や怒りの情動（不快情動）が生じて外部刺激からの回避行動を示す。このように，情動により家畜の生理反応および行動は変化し，最終的に家畜は自らが置かれている環境に対して適応する。

　情動は脳により生み出されるため，情動を研究するためには脳の機能や構造を知ることが不可欠である。脳内で情報を統合・処理しているのは神経細胞（ニューロン）と呼ばれる，情報処理に特化した膨大な数の細胞である。ニューロン同士は軸索と呼ばれる細長い突起と，細胞体にある樹状突起との間で結合し，複雑な神経回路網を脳内に形成する。軸索末端（神経終末）が樹状突起に結合する部位のことをシナプスと呼ぶ。シナプス間には非常に僅かな間隙（シナプス間隙）があるが，その間隙には神経伝達物質と呼ばれる，情報伝達を担

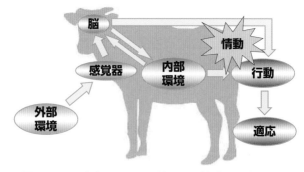

図 2.15.1　家畜における環境・脳・情動・行動の関係

う特殊な物質が分泌される。神経伝達物質が樹状突起の細胞膜に局在する受容体（レセプター）に結合することにより，次のニューロンに情報が伝達される。

■情動の中枢は「扁桃体」

　上記のように，脳は外部刺激が生存に有利か不利かの違いを判断し，結果として異なった種類の情動を生じさせる。このことは，情動を制御する中枢部位において，外部刺激が個体・種族の生存にとって重要であるか否か，という「生物学的意義の評価」が行われていることを示唆する。過去の研究から，情動を制御する中枢領域は「大脳辺縁系」であることが判明している。大脳辺縁系とは，大脳新皮質の内側において大脳基底核を覆うように存在する古い脳領域のことである。大脳辺縁系の中で，情動と深く関わる部位は「扁桃体」である。扁桃体は，左右の側頭葉内側に1つずつ存在するアーモンド型のニューロン集団（神経核）であり，外部刺激の生物学的意義の評価とともに，情動の表出により変化する表情筋の制御にも関与する。

　扁桃体と情動との関連についての最初の報告は，扁桃体の破壊による「クリューバー・ビューシー症候群」の発症についての論文[1]である。サルは本能的にヘビを恐れるが，扁桃体を含む両側の側頭葉を破壊するとヘビを恐れなくなる。これはいわゆる「精神盲」と呼ばれる症状である。また扁桃体を破壊されたサルは「口唇傾向」と呼ばれる，食物・非食物の区別なくものを口に入れてしまう症状を呈するが，それらの症状は扁桃体の破壊により，視覚で捉えたものの価値や意味の認知・判断が困難になっていることが原因であると考えられている。

■喜びの神経回路：脳内報酬系

　上記のように情動は，外部刺激が個体・種族の生存にとって重要であるか否か，という「生物学的意義の評価」と深く関わっている。もし動物が生存に有利な行動をとった際や生存に不利な状況を回避する行動をとった際に，喜びの情動である「快情動」が生じるような仕組みが脳内に存在すれば，動物はそれらの行動を繰り返すようになり，結果としてその動物の生存確率は飛躍的に高まるであろう。実際，欲求が満たされた際にその個体に快情動を与える神経系の存在が過去の研究から判明しており，その神経経路は「脳内報酬系」と呼ばれている。

126

　脳内報酬系の存在は，オールズとミルナーにより 1954 年に報告された[2]。彼らはラットが自発的にレバーを押すと脳内に挿入された電極を通じて微弱な電流が流れる装置を用い，脳内の様々な部位に電極を挿入してレバー押し行動を観察した。その結果，「内側前脳束」と呼ばれる，前脳内側を通過する軸索束に電極が位置した際にラットは自ら頻繁にレバーを押すようになる（脳内自己刺激行動）ことを発見した。内側前脳束は中脳の「腹側被蓋野」から前脳の「側坐核」へ投射する軸索を多く含むことから，現在ではこれらの領域を中心として脳内報酬系が形成されると考えられている。

　腹側被蓋野には神経伝達物質として「ドーパミン」を含有するニューロンが多数存在することから，脳内報酬系はドーパミンを主とする神経経路であると考えられている[3]。ドーパミンはカテコールアミンの一種であり，アミノ酸の一種であるチロシンより合成され，神経伝達物質であるノルアドレナリンおよびアドレナリンの前駆体である。ドーパミンは運動調節，ホルモン分泌調節，快情動の誘起，意欲や学習など，様々な機能を有することが知られている。

（河上眞一）

参考図書・文献

1 ）Klüver,H., Bucy,P.C.："Psychic blindness" and other symptoms following bilateral temporal lobectomy in Rhesus monkeys, *American Journal of Physiology*, 119, 352-353 (1937)
2 ）Olds, J., Milner, P.：Positive reinforcement produced by electrical stimulation of septal area and other regions of rat brain, *Journal of comparative and physiological psychology*, 47, 419-427 (1954)
3 ）Cooper,J.R., Bloom,F.E., Roth, R. H.：The Biochemical Basis of Neuro-pharmacology EIGHTH EDITION, Oxford University Press, pp. 225-270 (2002)

2.16　動物とともに生きる

■人間社会の中に生きる動物

　私たち人間の周りには様々な動物が暮らしている。その種類には，食糧生産などの目的のために人間によって改良された家畜，ペットブームによって飼育頭数が増加している伴侶動物，人間の居住地域まで生息域が拡大した野生動物，種の保存や教育，調査研究，レクリエーションを目的として飼育展示される動物園動物，研究の発展のために利用される実験動物などが挙げられる。これらの動物と人間との関わりはとても深く，家畜をはじめとした人間の支配下において利用される動物がいる一方で，外来種の移入や固有種の絶滅など，人間の活動に影響を受けている動物もいる。人間社会の中で動物と人間が共生してゆくためには，複雑化した両者間の問題を明らかにし，解決に努めなければならない。

■動物福祉という考え方

　動物と共生するために私たちが考えなければならないことの1つが動物福祉（Animal Welfare）である。動物福祉は「動物を人間のために利用することを認めたうえで，動物が健康で幸福な生活を送ることのできる環境を提供するこ

表 2.16.1　動物の5つの自由（Five Freedoms）

1. 飢えや渇きからの自由 (Freedom from Hunger and Thirst)	健康と成長を維持させるために， 新鮮な水と食料を提供すること
2. 不快からの自由 (Freedom from Discomfort)	適切な飼育環境と快適な休息場所を与えること
3. 痛み，怪我，病気からの自由 (Freedom from Pain, Injury or Disease)	病気の予防と迅速な治療を行うこと
4. 正常な行動を発現する自由 (Freedom to Express Normal Behavior)	十分な飼育スペースと適切な施設を提供し， 同じ種と飼育すること
5. 恐怖と苦痛からの自由 (Freedom from Fear and Distress)	精神的苦痛を避け，適切に取り扱うこと

と」である。この概念は，1964年にイギリスの主婦ルース・ハリソンが，発表した著書「アニマル・マシーン」において，狭い飼育スペースにニワトリを何羽も閉じ込める密飼いなど，劣悪な環境で飼育されている家畜の現状を一般市民に伝えたことに始まる。それをきっかけに家畜の飼養管理に対する批判が高まり，家畜の福祉に配慮すべきという考えが提起された。

　市民から批判を受けたイギリス農務省は，1965年に「集約畜産システムにおける家畜の福祉に関する調査委員会報告書（通称ブランベル・レポート）」を答申し，「すべての家畜に，立つ，寝る，向きを変える，身繕いする，手足を伸ばす行動の自由を与えるべき」とした。さらに，イギリス農用動物福祉諮問委員会（UK Farm Animal Welfare Council（FAWC））は，動物の福祉を向上させるための基本原則である動物の5つの自由（Five Freedoms，表2.16.1）を提唱した。この原則は，国連機関であるOIE（World Animal Health Organization：世界動物保健機関）の家畜福祉ガイドラインにも含まれていることから，人間の飼育下にある動物の福祉の指標として国際的に認められている。

■家畜の福祉と食の安全安心

　家畜の福祉の改善にいち早く取り組んだヨーロッパでは，欧州委員会が1997年に子牛の行動を制限する繋ぎ飼いを禁止し，2012年に採卵鶏の従来型バタリーケージ飼育，2013年には雌の繁殖豚のストール飼育を全面的に禁止した。乳牛の飼養管理においても，繋ぎ飼い方式をやめ，牛が自由に採餌したり好きな場所で休息したりできるフリーストール・フリーバーン方式へ移行するようになった。乳牛の飼養環境の快適性に配慮することをカウコンフォート（Cow Comfort）といい，管理施設や設備の改善は牛の健康だけでなく管理のしやすさにも繋がる。日本は乳牛の繋ぎ飼いが規制されていないが，農林水産省は畜種ごとに「アニマルウェルフェアに対応した飼養管理基準」を定め，畜産農家に家畜の福祉に配慮した飼養管理を行うよう求めている。

　また近年では，農林水産省が農業においてGAP（Good Agricultural Practice：農業生産工程管理）認証の取得を推奨している。GAPは食品安全，環境安全，労働安全の点検項目を満たすことで農畜産物に対する安全安心を保証する評価指標であり，畜産物では家畜衛生および家畜の福祉も項目に含まれている。認証制度には世界基準のGlobalG.A.P.やアジア共通のASIAGAP，日

本独自のJGAPがある。2018年にASIAGAPとJGAPで開始した畜産GAPは，令和3年3月現在およそ220農場が認証されている。GAP認証はオリンピック・パラリンピックにおいて，選手の食事に使用される食材の調達条件になっている。このことから，持続可能性に配慮した農畜産物を生産し，食の安全安心を守ることが世界的に重視されていることがわかる。

▢ 家畜を介在した食農教育

　食農教育は，人間が生きるために不可欠な要素である食と，それを支える農業について体験的に学ぶことを目的とした教育活動である。日本ではライフスタイルの多様化によって食生活が変化し，輸入食品の増加の影響から食料自給率が40％まで低下している。一方で，食べ残しや食品の廃棄による食品ロスが約900万トンにものぼり，消費者の食に対する知識の不足が指摘されている。農林水産省・厚生労働省・文部科学省は，子供のための食育や大学生に対する食農教育などを通じて国民の食農リテラシーの向上を推進している。食農リテラシーは，食と農および自然環境への認識，評価，実践を総合した能力である。食農リテラシーを生命に対する認識とともに身につけるためには，農業体験だけでなく家畜を介在した食農教育が求められている。

　家畜介在型食農教育では，農場で家畜とのふれあいや飼育管理を体験して，私たちが普段口にするミルクや肉がどのような生産・加工・流通の過程を辿っているかについて身をもって学ぶ。これが，食と命についての大きな教育効果に繋がることが期待されている。文部科学省は，大学などの教育施設を有効に利用するために2009年から「教育関係共同利用拠点制度」を開始し，本制度の認定を受けた広島大学附属農場は，酪農に特化した家畜介在型食農教育を実践する場としても機能している。

▢ 野外で生きるイヌとネコ

　日本では，ペットとして人気のあるイヌやネコの飼育頭数が年々増加している。一方で，動物愛護センターは2018年にイヌとネコを約7万頭引き取り，そのうち約3万頭が殺処分されている。殺処分対象のほとんどは飼い主をもたない野良イヌと野良ネコである。もともとはペットとして飼育されていたイヌやネコが遺棄され，野良化して繁殖を繰り返したことで頭数が増加した。また，野良イヌと野良ネコは咬傷や人獣共通感染症の伝染などの人的被害，糞尿被害，

餌やりに起因する住民間トラブルなどの問題を発生させていることから，生息頭数を減少させる対策が喫緊の課題である。

　野良イヌは狂犬病予防法に基づき，動物愛護センターによる捕獲が行われる。飼育に適した個体は動物愛護センターによって譲渡され，殺処分数の減少に繋げている。しかし野良ネコの場合は法律や条例がないために動物愛護センターが捕獲することはできず，市民から野良ネコを引き取ることしかできない。そこで環境省は，野良ネコの生息頭数を減少させるために地域猫活動を推奨している。これは野良ネコを「地域猫」として住民主体で世話を行い，頭数や糞尿被害などの問題を減らす取り組みである。具体的には，アメリカやカナダ，オーストラリアなど多くの国で用いられている TNR プログラム（Trap-Neuter-Return：野良ネコを捕獲して不妊去勢手術を行い，元いた場所に戻す）を基本とし，定期的な給餌や糞尿の清掃などの管理が行われる。地域猫活動は全国で実施されており，地域猫の譲渡も含めて活動の効果が期待されている。

■海を渡る野生動物

　日本に生息する野生鳥獣による農作物被害は深刻であり，2018 年度の被害額は 158 億円にものぼる。主にシカとイノシシによる被害が大きく，被害防止を目的として 2019 年度にはシカ 64 万頭，イノシシ 60 万頭が捕獲された。野生動物の生息域が人間の居住地域まで拡大すると，農作物被害に加えて人的被害や生活環境の悪化にも繋がる。特にイノシシは，餌を求めて瀬戸内海の島嶼部へ渡っていることから，有人島での被害が拡大するだけでなく，無人島で繁殖し個体数が増加することでさらなる被害の発生が懸念される。

　野生動物に対する被害対策の 1 つとしてワイルドライフ・マネジメントが挙げられる。生態調査や生息環境の整備などを行って適切な生息個体数を維持し，農林業や人身被害を抑えることで，人間と野生動物の共生を目指す。さらに近年では，捕獲した鳥獣を食肉（ジビエ）として利活用し，国産ジビエ認証制度に基づいて良質なジビエの安定供給を目指す取り組みも行われている。

（妹尾あいら）

参考図書・文献

1）Webster, J.：Animal Welfare：A Cool Eye Towards Eden, pp.10-14, Blackwell Science（1995）

2）Benson, G. J., Rollin, B. E.：The Well-Being of Farm Animals-Challenges and Solutions, pp.85–101, Blackwell Publishing（2004）

3）農林水産省：畜産における生産工程管理（GAP）をめぐる情勢（2020）

4）環境省：犬・猫の引取り及び負傷動物等の収容並びに処分の状況（2020）

5）環境省：住宅密集地における犬猫の適正飼養ガイドライン（2010）

6）Calver, M. C., Fleming, P. A.：Evidence for Citation Networks in Studies of Free-Roaming Cats: A Case Study Using Literature on Trap-Neuter-Return (TNR), *Animals*, **10**, 993（2020）

7）農林水産省：鳥獣被害の現状と対策（2020）

8）広島県：ワイルドライフ・マネジメントの推進について（2014）

陸の生物生産

2.17 家畜の体の構造

■体のかたちと行動

　動物の骨格と筋肉は，体の基本的な形態を作るとともに，内臓を保護しており，体の外表面では筋肉が皮膚に覆われている。運動は骨格とこれを動かす筋肉によって起こるので，これらの形状の違いが動物種ごとの運動性や行動の特徴にも繋がる。家畜では前肢と後肢を合わせて4本のあしで歩行する。鳥類では前肢に相当するところが翼になり，翼を運動させるために胸の筋肉が発達して，空を飛ぶことができる。家畜と鳥類のどちらでも，後肢の大腿部の筋肉はよく発達して，走ったり，跳ねたりする運動力に優れている。

　骨基質は骨芽細胞によって合成され，リン酸カルシウムを主体とする硬い成分である。骨は生きているので常に形成と分解を繰り返している。

　産卵期の鳥類の骨髄では，骨髄骨と呼ばれる特異な骨が出現し，卵殻形成のためのカルシウムを貯蔵する役割を担う。

　筋肉には骨格筋，心筋，平滑筋の3種類がある。骨格筋は神経の支配下で随意的に運動し，横紋をもつ（図2.17.1）。心筋は心臓を構成する筋肉で，横紋を有するが，自律神経下にあるため，運動は不随意的である。平滑筋は内臓管や血管の壁を構成する筋組織で，筋繊維の配列は不規則で横紋がみられず，自律神経の支配を受けるため，運動は不随意的である。腸や血管は意識的に動かせないことからも不随意的ということがわかる。

　骨格筋は赤色筋と白色筋に大別される。赤色筋はミオグロビンが多いから赤

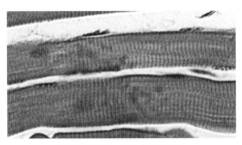

図2.17.1　骨格筋の横紋

く見え，ミトコンドリアが多く，脂肪酸や乳酸を利用してエネルギー産生を行うので疲労しにくい。白色筋は蓄積しているグリコーゲンを使って解糖系によりエネルギーを生産するため，疲労しやすいが急激な運動に適す。

■神経系と内分泌系の共同作業

　動物の生体はいろいろな臓器や細胞から成り立っている。生体が全体としてまとまって正常に機能するためには，生理的な恒常性の維持が必要である。恒常性は神経系と内分泌系（ホルモン）が生体内のさまざまな組織の機能を調節することによって維持される。神経系と内分泌系とを比較すると，反応時間は神経系が早く，内分泌系は遅い。内分泌系は命令を受けてからタンパク質合成・分泌・移動・受容体結合等ある程度の時間が必要であるが，神経系の反応は電気的伝導なので一瞬である。また，標的器官について，神経系は特定の器官のみに伝達するが，内分泌系は非特定の器官へ反応可能である。内分泌系のホルモンは血液へ分泌されるため，全身をめぐることになり，受容体さえあればどの器官にも反応できる。これらの異なる特徴をもつ神経系と内分泌系を使い分け，体の恒常性が維持されているのである。

　代表的なホルモン分泌は，視床下部−下垂体系である。たとえば，視床下部の神経細胞から「副腎皮質刺激ホルモン放出ホルモン」が分泌されると，それに反応して下垂体前葉で「副腎皮質刺激ホルモン」が分泌され，これが副腎にはたらいて，さらに「コルチゾール（コルチコステロン）」を分泌させる。

■消化の過程

　動物が生きるために栄養の摂取は欠かせない。消化器は摂取した飼料を消化し，また栄養分や水分等を吸収する。消化管は口腔からはじまり，食道，胃，小腸（十二指腸，空腸，回腸），大腸（盲腸，結腸，直腸）を経て肛門で終わる（図 2.17.2）。一般に，口腔では唾液により炭水化物，胃では胃液によりタンパク質が消化される。小腸では，粘膜で産生される腸液や膵臓から送られる膵液の消化酵素によって，内容物の炭水化物，タンパク質，脂肪がそれぞれグルコース，アミノ酸，脂肪酸等のように吸収可能な形まで消化される。肝臓で産生され，胆嚢を経て小腸へ送られる胆汁は脂肪の消化を助ける。大腸では，腸内細菌によって内容物が分解されるとともに，水分が吸収される。

　消化・吸収された物質のうち，脂肪酸はリンパ管へ入り，他のものは血管へ

134

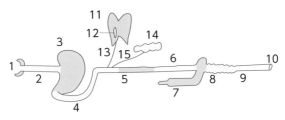

図 2.17.2　動物の消化器

1. 口腔, 2. 食道, 3. 胃, 4. 十二指腸, 5. 空腸, 6. 回腸, 7. 盲腸, 8.
結腸, 9. 直腸, 10. 肛門, 11. 肝臓, 12. 胆嚢, 13. 胆管, 14. 膵臓,
15. 膵管

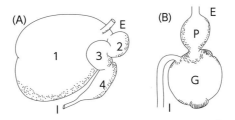

図 2.17.3　反芻動物の胃 (A) と鳥類の胃 (B)

1. 第一胃, 2. 第二胃, 3. 第三胃, 4. 第四胃, E. 食道, G. 筋胃, I.
十二指腸, P. 腺胃

　入って，肝門脈を経て肝臓へ送られる。肝臓では，栄養物質の一部が貯蔵され
たり，生体が必要とする物質に代謝されたりする。

　内分泌的には胃液の分泌を調節するガストリン，膵液の分泌を促進するセク
レチン，胆汁の分泌を促進するコレシストキニンのように，消化管から分泌さ
れる消化管ホルモンが関わる。この神経や内分泌機能を良好に機能させるため
には，動物の健全な生理状態を保つように飼育することが大切である。

■動物種による胃の違い

　胃は口腔と食道を経由して入ってきた餌の消化が始まる部位で，その形態は
動物種によって異なる。ヒトに近い雑食性のブタでは，胃は1つの袋状で消化
液を分泌する（図 2.17.2）。植物の繊維質は動物が産生する消化液では消化さ
れず，消化管内の微生物によって分解される。草食性動物のうち，ウシやヤギ
等の反芻動物では，胃は4部屋に分かれ，主に第一胃で微生物による植物成分

（セルロース）の分解が起こり，第四胃では消化液が分泌される（図2.17.3A
と2.12「飼料から畜産物への変換」の節参照）。同じ草食動物でも，ウマやウ
サギの胃は消化液を分泌する1つの袋状の臓器で，大腸の盲腸で微生物による
植物成分の分解が起こる。鳥類の胃は食道側から腸側に向かって腺胃と筋胃の
2部屋に分かれている（図2.17.3B）。腺胃は消化液を分泌して内容物を化学的
に消化する。筋胃は筋肉が良く発達し，内表面は硬いケラチン層に覆われてお
り，ここで内容物が物理的に細かく粉砕される。鳥類の消化管全体の長さは比
較的短く，空を飛ぶために体重を軽くするという意味で合理的である。

　家畜に肉，乳，卵を生産させるためには，いかに餌を分解・代謝させて，そ
の栄養分を効率的に利用させるかが重要である。そのためにも，消化管の構造
と機能やこれらの神経的・内分泌的調節機構をよく理解し，応用することが必
要となる。

（磯部直樹）

参考図書・文献
　1）福田勝洋 編著：『図説動物形態学』，朝倉書店（2006）
　2）石橋武彦 編著：『家畜の生体機構』，文永堂出版（2000）

2.18　卵を作る体の妙

■卵の構造

　鶏卵の重量はニワトリの品種や日齢によって，40～80gと大きく異なるが，一般的には55～60gのものが市場で流通している。卵は中心部から外側に向けて，卵黄部，卵白部，卵殻部に大別され，それぞれ卵重量の約30%，60%，10%を占める（図2.18.1）。卵黄部ではリポタンパク質を主成分とする卵黄が卵黄膜に包まれており，その卵黄表面には直径約2mmで白色の胚盤が認められる。胚盤には卵子の核や細胞内小器官が集合しており，胚発生の場となる。卵白部はカラザ，濃厚卵白，水様卵白から構成される。カラザは卵黄の両端に接着しているヒモ状の構造で，これがハンモックのように卵黄を卵の中心に保定している。卵白は繊維成分が多い濃厚卵白と水分に富む水様卵白に区別され，卵を割ったときにこんもりと盛り上がった部分が濃厚卵白，水っぽく広がる卵白が水様卵白である。卵殻部は卵殻膜と卵殻からなり，卵殻膜の表面に炭酸カルシウムを主成分とする卵殻が形成されている。卵殻膜は内卵殻膜と外卵殻膜の2層構造をもち，卵の鈍端部（卵の丸い方の端）ではこの両卵殻膜どうしが離れて気室が形成されている。卵殻には微小な穴である気孔が形成されており，胚発生時の呼吸や水分調節に必須である。

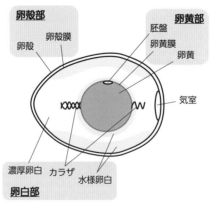

図 2.18.1　鶏卵の構造

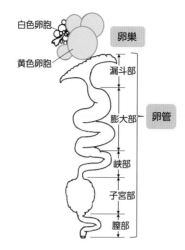

図 2.18.2　ニワトリの生殖器

表 2.18.1　卵の成分ができる場所と通過時間

部位	形成される卵の成分	通過時間
卵　　巣	黄身	
卵　　管		
漏 斗 部	カラザ	15 分間
膨 大 部	濃厚卵白	2.5 時間
峡　　部	卵殻膜	1.5 時間
子 宮 部	水様卵白，卵殻	20 時間
膣　　部	―	数分間

■ニワトリの生殖器と卵形成

　ニワトリの雌性生殖器は卵巣と卵管からなり，卵管はさらに漏斗部，膨大部，峡部，子宮部，膣部に分けられる（図 2.18.2）。卵巣には多数の小さな白色卵胞と，数個の黄色卵胞が分布している。卵胞は卵黄を多量に含む卵子と，それを包む卵胞壁からなり，1 日に 1 個の最も大きな卵胞から卵子が排卵されて卵管内へ移動する。この排卵された「卵子」が鶏卵でいうところの「卵黄部」にあたる。卵子が卵管を通過するにつれて内側から卵が形成され，最終的におよそ 25 時間程度かかる（表 2.18.1）。排卵された卵子は漏斗部に入り，ここでカラザが形成される。膨大部では濃厚卵白が分泌され，峡部では卵白の周囲に内外 2 層の卵殻膜が形成される。子宮部ではまず，卵殻膜を通して卵白にミネラ

ルと水分が添加されることで，卵白の一部が水様卵白となり，続いて炭酸カルシウムが卵殻膜上に沈着することで卵殻が形成される。卵殻は硬く厚いのでその形成には20時間を要する。最後に膣部を通過して放卵される。放卵直後の卵はニワトリの体温と同じ41℃程度であるが，この温度よりも低い外気にさらされることで卵殻より内側の内容物が収縮し，この体積の差によって気室が形成される。

■受精

交尾あるいは人工授精をしない場合でもメスのニワトリは卵を産み続ける。しかし，その卵は無精卵つまり受精していない卵なので，孵卵しても発生することはなくヒヨコは生まれない。一度の交尾あるいは人工授精をすると，ニワトリでは約2週間有精卵を産み続ける。膣に射出された精子の一部は子宮と膣の境目にある精子貯蔵細管に貯蔵されるため，何日も生き続けることができるのである。哺乳類の精子は1日しか生存することができないことを考えると，ニワトリ精子の長寿命は驚きである。貯蔵されている精子は排卵前に卵管を上行し，子宮部，峡部，膨大部を過ぎて漏斗部に達し，ここで卵子と受精する。

■産卵ホルモン

卵巣での卵子の成長には，脳の視床下部で合成分泌される性腺刺激ホルモン放出ホルモンの刺激により下垂体前葉で合成・分泌される卵胞刺激ホルモン（FSH）が関与する。また，卵子の排卵には，同様に下垂体前葉で合成・分泌される黄体形成ホルモン（LH）の一過性の分泌が必要である。また卵胞から分泌されるエストロゲンは肝臓にはたらき卵黄前駆物質を生産させ，この卵黄前駆物質は血液を通って卵巣へ運ばれ卵黄として蓄積される。さらに卵胞から分泌されるプロゲステロンは卵管膨大部での卵白合成を促進する。放卵の誘発にはプロスタグランジン，アルギニンバゾトシンというホルモンが関与している。

（新居隆浩）

参考図書・文献

1）中村良 編：『卵の科学』，朝倉書店（1998）

3

水圏の生物生産

3.1 海の生態系を支える単細胞藻類

■その重要性

　陸上の食物連鎖の始まりが植物であるように，海や川のそれも植物……ただし単細胞の藻類である。一般に植物プランクトン（図 3.1.1）と呼ばれる浮遊性の単細胞藻類は，動物プランクトンの餌となり，その動物プランクトンがさらに大きな動物に食べられることによって，水柱の食物連鎖を底辺から支える。アサリやカキなどの二枚貝は植物プランクトンを直接捕食する。海底や干潟の砂の上にも多様な単細胞藻類が高密度に生息し，巻貝やカニなどの重要な餌となっている。人類は海での漁獲量の半分を天然魚介類に頼っているが，このように「野生動物」を捕獲して流通するという，まるで石器時代のような営みが可能なのも，海が巨大な生物生産力をもち，それを単細胞藻類が支えているからである。

　地球上の全植物に占める単細胞藻類の量は1%以下に過ぎないが，地球上の光合成の半分は単細胞藻類によって行われている[1]。私たちが呼吸している酸素の半分以上は単細胞藻類によって作られたものだ。どんどん光合成して増殖し，どんどん食べられていく，だから瞬間的な生物量は少なくても，海の巨大

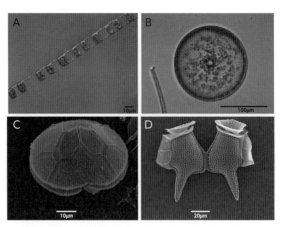

図 3.1.1　多様な植物プランクトン（A，B は珪藻類，C，D は渦鞭毛藻類）

な生物生産を支えていける。

■水清ければ魚棲まず

　漢書に出てくるこの故事の本来の意味は，潔白すぎて他人をとがめ立てする人は仲間を失うという意味らしいが，海にはこの言葉がそのままあてはまる。きれいすぎる海水には魚はいない。植物プランクトンは光と水と二酸化炭素以外に，窒素やリンなどの無機栄養塩類も必要とする。いわゆる富栄養化物質と呼ばれるこれら栄養塩類は，高度成長期における赤潮被害の対策として，厳しく排出削減されてきた。その顕著な例が瀬戸内海で，瀬戸内海環境保全特別措置法（いわゆる瀬戸内法）や一連の総量規制，排出削減指導の取り組みにより，無機態・リンは 1980 年代前半に急激に減少した。このことにより，植物プランクトンの生産が減少し，そこから始まる食物連鎖も縮小していった。その結果，瀬戸内海における漁獲量は多くの魚種で低迷を続けている[2]。植物プランクトン不足により，広島名産のカキの幼生が採苗できない年が頻発している。あまりに栄養に乏しく，清く澄み渡る海には，魚やカキを生産する力は無い。かつて，瀬戸内海を舞台とした大河ドラマで，映し出された瀬戸内海の色が青であるべきなのか，緑・翡翠色であるべきなのかという論争があった。植物プランクトンなどの粒子が多ければ，波長の短い青色は散乱してしまうので，海の色は緑にシフトする。このまま青く透き通った魚のとれない海を目指すのか，翡翠色で漁業者の活気あふれる海を目指すのか，あるべき里海の姿を社会全体で議論する必要がある。

■サンゴと単細胞藻類

　上の例のように食物連鎖の始まりとはなっていないが，サンゴに共生する単細胞藻類も，ある特徴的な海洋生態系を下支えしているという意味で重要である。褐虫藻と珍しく和称名がつけられたこの藻類は，造礁サンゴの細胞内に共生し（図 3.1.2），サンゴの生存を助けている。サンゴ表面積わずか $1cm^2$ に 10万〜 100 万細胞もの褐虫藻が共生し，光合成によって作り出したグルコースやグリセロール，アミノ酸をサンゴに分け与えている[3]。

　褐虫藻を失うとサンゴは死んでしまう。その顕著な例が，近年の地球温暖化により加速しているサンゴの白化である。海水温がたった 30℃・1 週間続くだけで，サンゴ内の褐虫藻が弱りはじめ，サンゴはそれを積極的に排出してしま

う[4]。33℃に達すると数日でサンゴの組織がボロボロとはがれ落ちてしまう[5]。このように白化によってサンゴが死滅すると，サンゴ礁をよりどころにしてきた魚もいなくなってしまう。1950年以降，全世界のサンゴ礁の20％以上がサンゴの白化によって消失している。

そもそも，サンゴと褐虫藻の共生関係には謎が多い。サンゴは褐虫藻（らしき藻類）と古生代の古くから共生しているが，褐虫藻は完全にサンゴには依存しておらず，その証拠に，サンゴから褐虫藻を分離して単独で培養することも可能である。サンゴから分離された褐虫藻は，昼間だけ鞭毛を生やし，尿酸の結晶からなる「目」をもつようになり，自由に泳ぎ回る[6]。近年，この目は緑色を感知し，褐虫藻がサンゴの緑色蛍光に誘引されることがわかった。イシサンゴの多くは褐虫藻を環境中から取り込まないとならないので，この褐虫藻を誘引する機構は重要である。

その一方，極めて貧栄養な熱帯海域には褐虫藻は単独で生存できない。サンゴが獲得する（獲得しなければならない）褐虫藻はどこにいて何に由来するのだろうか？　1つの候補はサンゴそのものである。サンゴ表面積1cm^{2}から毎時6,000細胞もの褐虫藻が放出される[7]。サンゴ礁に生息する大型の二枚貝であるシャコガイにも褐虫藻が共生し，その3〜6％を毎日「糞」として放出している。糞はほぼ未消化の褐虫藻で占められ，この糞をシャコガイの幼生やサンゴの幼生に与えると，糞中の褐虫藻を共生させることができる[8,9]。

サンゴから排出されるにせよ，シャコガイからにせよ，サンゴにとって必要

図3.1.2　ミドリイシ表面とそこから注出した褐虫藻（左上挿入図）

図 3.1.3　多様な生物が集うサンゴ礁

な褐虫藻の共生ソースは，他のサンゴ・シャコガイから排出されてきたもので
あろう。すなわち，サンゴ礁という閉鎖的な生態系内で褐虫藻はグルグル廻っ
ている。こう考えると，ある一定以下にサンゴが減り，シャコガイが減れば，
褐虫藻の供給不足が生じる，すなわち，サンゴ礁が回復できない Point of no
return（復帰不能点）がある。それがどの程度なのかを立証することは，砂漠
のようになったかつてのサンゴ礁を復活させようと，昨今盛んに行われている
サンゴの移植事業の有効性を考えるうえでも重要である。同時に，失われたも
のは戻らないという危機感をもち，生物多様性の宝庫であるサンゴ礁（図 3.1.3）
を守っていくことがむしろ重要である。

（小池一彦）

参考図書・文献

1）Falkowski P：*Nature*，**483**，S17-20（2012）
2）Ohara S *et al.*：Plankton and Benthos Research，**15**，78-96（2020）
3）小池一彦：自然と科学の情報誌「milsil」，**5**，26-29（2012）
4）Fujise L *et al.*：*PLoS ONE*，**9**，e114321（2014）
5）Fujise L *et al.*：Galaxea，**15**，29-36（2013）
6）Yamashita H et al.：*PLoS ONE*，**4**，e6303（2009）
7）Yamashita H *et al.*：*Marine Biology*，**158**，87-100（2011）
8）Morishima SY *et al.*：*PLoS ONE*，**14**，e0220141（2019）
9）Umeki M *et al.*：*PLoS ONE*，**15**，e0243087（2020）

3.2 海洋の物質循環と生態系モデル

■海洋の物質循環

　海洋中の生物は，生存するために水素，酸素，炭素，窒素，リンなどの元素が必要である。これらを親生物元素と呼び，これらのうち無機物の状態で海水中に溶存しているものを栄養塩と呼ぶ。海水中で栄養塩は光合成により植物プランクトンの体内に取り込まれ有機物となり，動物プランクトン，魚類といった大型の生物に取り込まれていく。これらの生物の死骸や排泄物はバクテリアにより分解され，再び栄養塩に戻っていく。これは陸上において，植物が光合成によって生成した有機物質を，昆虫，小型動物そして大型動物が利用していくことと類似している。このような物質の流れを食物連鎖と呼んでいる。

　人間活動により陸から大量の栄養塩が負荷されると，富栄養化といわれる水質の悪化を引き起こし，植物プランクトンが大量発生し海水が変色する赤潮などの環境問題が発生しやすくなる。一方，栄養塩の負荷が少なすぎると，貧栄養といわれる状態になり，生物の生産性が低くなり，漁獲量が減少したり，養殖ノリの生育が悪くなったりする。陸から海洋に負荷された栄養塩は，潮流や拡散といった物理的作用によって輸送されながら，化学的変化を起こし，あるいは生物に取り込まれ，様々に形態を変化させながら，最終的には海底に沈降するか，外洋に流出していく。海域の環境保全や水産資源の管理のためには，陸域から海域に負荷された栄養塩の振る舞いを知ることが必要である。

■生態系モデル

　では，陸域から海域に負荷された栄養塩がどのような過程を経て，どこにいくのかということを調べるにはどのようにしたらよいのだろうか。大学などの研究機関や各都道府県の水産関係機関などは観測船により水温，塩分，栄養塩濃度などの海洋環境の現場観測を定期的に行っている（図3.2.1）。これらの現場観測で明らかになるのは，あくまでもその場所その時点の状況であり，どのような過程を経て現状の海洋環境が形成されたかはわからない。この現場観測の限界を補うために用いられる方法がコンピュータモデルを用いた解析であ

図 3.2.1　現場観測の様子

海水を採取して，その中に含まれている栄養塩や植物プランクトン濃度
などを測定する。これ以外にも測定機器を使って水温，塩分，水中光量
なども測定している。

る。

　コンピュータモデルとは，現実に起きている物理・生物・化学過程をコン
ピュータの中で再現するものである。コンピュータモデルの身近な例は，天気
予報で利用されている，気象状況を再現し将来予測をするものである。アメダ
ス観測網などの現状観測システムが充実してきたことやコンピュータの計算能
力向上などにより，コンピュータモデルを用いた天気予報は非常に精度の良い
ものとなってきている。海洋においても，海水の流れや汚染物質の拡がりといっ
た物理過程については，天気予報と同様に，コンピュータモデルにより精度の
良い現状再現・将来予測が可能となってきている。しかしながら，生物・化学
過程は，様々な要因の影響を受けることから非常に複雑である。そのため，赤
潮の発生予測や漁獲量変動予測といった生物・化学過程を含めたコンピュータ
モデルは，まだまだ発展段階である。生物・化学過程を含めたコンピュータモ
デルを特に生態系モデルと呼んでいる。最も基本的な生態系モデルはＮＰＺＤ
モデルといわれ，Ｎ（栄養塩），Ｐ（植物プランクトン），Ｚ（動物プランクト
ン），Ｄ（デトリタス：生物の死骸や排泄物などの懸濁態有機物）の４要素間
の物質のやりとりを数式で表すものである（図3.2.2）。生態系モデルでは，様々
な生物・化学過程を数式で表現しなければならない。たとえば，光合成（植物
プランクトンが海水中の栄養塩を取り込み増殖する過程）は，栄養塩濃度，水
温と水中光量の関係式で表現できることが明らかになっている。これ以外の諸
過程についても，大まかに数式で表現できるようになっている。

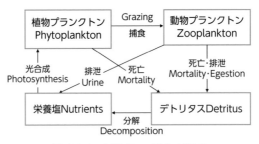

図 3.2.2 　NPZD モデルの概要

モデルに含まれる要素（□）と各要素間の物質のやりとり（→）。

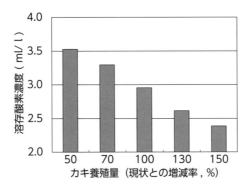

図 3.2.3 　広島湾におけるカキ養殖を考慮に入れた生態系モデル計算結果

カキ養殖量を減少させると海底付近の溶存酸素濃度が高くなり，海洋環境が改善されることを示している。

　生態系モデルに実際の物理的環境（流れ，地形，水深など）や陸域からの栄養塩負荷などの条件を与えた計算結果と，現場観測で得られた栄養塩濃度や植物プランクトン濃度などを比較・検証することで，その生態系モデルが実際の海洋現象を再現していることを確認する。そのうえで，生態系モデルに含まれる様々な過程を数値的に解析することにより，現場観測では測定することが困難な，生物・化学過程を定量的に推定することが可能になる。さらに，将来の水深・地形変化，水温の変動や栄養塩負荷量の変動などをモデルに条件として与えることにより，海洋環境の将来予測も可能になる。現在，生態系モデルは埋め立てや海底掘削といった沿岸海域の物理的環境変化が海洋生物に与える影響を予測したり，環境基準を策定するための基礎資料作成などに広く利用されており，環境アセスメント分野においては重要な解析手法となっている。

　また，最近では，その海域に生息する特徴的な生物を含めた生態系モデル解析も行われるようになってきている。たとえば，広島湾において海底付近の溶存酸素濃度の低下を発生させることのない最適なカキ養殖量を推定したり（図3.2.3[1]），河口干潟の水質浄化機能をアサリなどの二枚貝やゴカイなどの多毛類をモデルに含めて評価すること[2]などにも生態系モデル解析は用いられるようになっている。生態系モデルの精度を向上させるためには，室内実験などにより複雑な生物・化学過程の正確な定式化とそれに関する数値係数を見積もることが必要である。また，生態系モデルの再現性の検証には，対象海域の栄養塩濃度や各種生物存在量などの観測データが必要である。このように生態系モデル解析の発展には，これまで行ってきたような室内実験や現場観測調査などの研究の積み重ねが必要不可欠である。

（橋本俊也）

参考図書・文献

　1）橋本俊也ほか：「広島湾生態系の保全と管理」，『水産学シリーズ156　閉鎖性海域の環境再生』，恒星社厚生閣（山本民次，古谷研 編）（2007）
　2）屋良由美子ほか：「干潟底生生態系の季節変動に関する数値モデル」，海の研究，15，日本海洋学会（2006）

3.3 水生生物の流通と外来種

■特定外来生物と生態系被害防止外来種リスト

外来種とは，もともとその地域にいなかったのに，人間活動によって他の地域から入ってきた生物のことである。外来種は，その由来により2つに分けることができる。国外由来の外来種は，海外から日本に持ち込まれた生物のことであり，国内由来の外来種は，日本国内のある地域からいなかった地域に持ち込まれた生物のことである。一般に外来種のすべてが定着したり侵略性をもったりするわけではなく，それらの中には家畜，栽培植物，漁業対象種など長年人々の生活や文化に浸透・共存して社会生活で積極的な役割を果たしてきたものもある。ただし，外来種には原産地よりも侵略的になる場合があり，注意が必要となる。

外来生物法は，日本における外来生物による生態系，人の生命・体，農林水産業の被害防止に関する法律として2005年に制定されている。この法律では，問題を引き起こす国外由来の外来生物を特定外来生物として指定し，その飼養，栽培，保管，運搬，輸入といった取扱いを規制している。特定外来生物の指定数は，制定時に1科2属39種（42種類）であったが年々追加され，2020年の時点で7科13属4種群123種9交雑種（156種類）に達している。

さらに，2010年に生物多様性条約第10回締結会議（愛知COP10）が開かれ，「2020年までに侵略的外来種とその定着経路を特定し，優先度の高い種を制御・根絶すること」が個別目標として定められた。この目標を達成するため，特定外来生物に加えて，外来生物法の規制対象外である国内由来の外来種などを含む生態系被害防止外来種リストが2015年に作成された。このリストでは，国内に未定着のものに対する定着予防外来種（101種類），定着が確認されているものに対する総合対策外来種（310種類），および産業上重要であり適切な管理を必要とするものに対する産業管理外来種（18種類）の合計429種類が選定されている。

水生動物についてリスト選定種の侵入経路をみると，魚類では観賞用として国内に持ち込まれる割合が最も多い（表3.3.1）。近年，アリゲーターガーが各

表 3.3.1　生態系被害防止外来種リストに登録された水生動物の侵入経路

侵入経路	魚類（%）	無脊椎動物（%）
観賞用	49.1	11.4
食用	30.9	17.1
ゲームフィッシング	12.7	0
害虫防除	3.6	0
食用種に非意図的混入	3.6	8.6
観賞用種に非意図的混入	0	8.6
船体付着・バラスト水に非意図的混入	0	54.3

地で発見されているように，ナイルパーチ，ヨーロッパナマズ，ガー科などの大型肉食魚は2016～2018年に特定外来生物に指定され，許可なく飼育できなくなっている。また，グッピーは，「野良グッピー」と呼ばれるように日本各地の温泉地や温排水に局所的に定着し，在来種メダカの生息に対する脅威となっている場合がある。次いで多いのが食用として国内に持ち込まれたものであり，2005年に特定外来生物に指定されたオオクチバスやブルーギルなどが該当する。また，アメリカやカナダから導入されてきたニジマス，ブラウントラウト，レイクトラウトは，漁業権魚種として養殖・放流されてきたことから産業管理外来種に指定されている。国外ではゲームフィッシングの対象となっているブラウンブルヘッド，フラットヘッドキャットフィッシュ，ホワイトパーチなどは，国内での定着は確認されていないものの，肉食性が強く在来種への影響が懸念されることから2016年に特定外来生物に指定されている。カダヤシは，蚊の防除対策として1916年に台湾から導入されたものが国内各地に定着している。またコクレンやアオウオは，1878年以降食用種であるソウギョ種苗に非意図的に混入したものが定着している。

　無脊椎動物では，ヨーロッパフジツボ，ムラサキイガイ，ホンビノスガイなど貨物船の船体付着あるいはバラスト水に非意図的に混入したものの割合が最も多くなっている。次いでシナハマグリやタイワンシジミなどの貝類は，食用として持ち込まれたものが定着している。ザリガニ類は観賞用として輸入されていたが，アメリカザリガニを除くすべての外来ザリガニ類が2020年に特定外来生物に指定されたため，飼育が規制されている。また，観賞用の淡水水草に付着して非意図的に持ち込まれたフロリダマミズヨコエビは，水草とともに野外に捨てられ，野生化した可能性が指摘されている。貝類のカラムシロは，アサリなどの輸入種苗に非意図的に混入して侵入したものと考えられている。

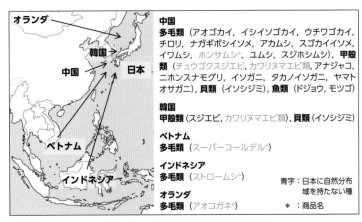

中国
多毛類 (アオゴカイ, イシイソゴカイ, ウチワゴカイ, チロリ, ナガギボシイソメ, アカムシ, スゴカイイソメ, イワムシ, ホンサムシ*, ユムシ, スジホシムシ), **甲殻類** (チュウゴクスジエビ*, カワリヌマエビ類, アナジャコ, ニホンスナモグリ, イソガニ, タカノイソガニ, ヤマトオサガニ), **貝類** (イソシジミ), **魚類** (ドジョウ, モツゴ)

韓国
甲殻類 (スジエビ, カワリヌマエビ類), **貝類** (イソシジミ)

ベトナム
多毛類 (スーパーコールデル*)

インドネシア
多毛類 (ストロームシ*)

オランダ
多毛類 (アオコガネ*)

青字：日本に自然分布
域を持たない種
* ：商品名

図 3.3.1　釣り餌動物の流通経路

■釣り餌動物の流通および野外への侵入状況

　水生動物の場合，上述したような事例以外にも注目すべき侵入経路が知られるようになってきた。海釣りに利用される活きた釣り餌動物は，日本国内で採捕や養殖されている他に 1969 年より韓国から輸入され始め，2000 年代には生きている動物の分類群別輸入総数の 90％以上を占めると報告されている。

　国内各地において釣り餌動物の流通状況を調査したところ，多毛類，甲殻類，貝類，魚類を含む合計 42 種が確認され，その中で 25 種（60％）が中国を中心に韓国，インドネシア，ベトナム，オランダから輸入されていた（図 3.3.1）。アオコガネやチュウゴクスジエビなど 6 種は，日本に自然分布域をもたない種である。一方，イワムシやユムシなど 19 種は在来種であるものの，国内資源量の減少により大部分を輸入に依存している。また，輸入エビ類には，中国や朝鮮半島に生息するチョウセンブナやヨコシマドンコを含む魚類が非意図的に混入していることが報告されている。

■野外へ侵入する釣り餌動物

　国外から流通された釣り餌動物の中で，野外に侵入・定着した事例としてエビ類が報告されている。日本に自然分布域をもたないシナヌマエビを含むカワリヌマエビ属の複数種が，1969 年以降韓国や中国から「ブツエビ」の商品名で輸入されている。輸入カワリヌマエビ類は日本各地に侵入しているが，とく

3

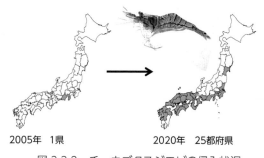

2005年　1県　　　　　　　2020年　25都府県

図 3.3.2　チュウゴクスジエビの侵入状況

に東日本においては在来種ヌカエビの生息に負の影響を及ぼすことが示唆されている。

チュウゴクスジエビは，中国やシベリアに分布するスジエビ属の淡水エビである。本種と在来種スジエビは，形態的によく似ていることから両種は区別されずに「シラサエビ」の商品名で流通されていた。チュウゴクスジエビは，2005 年に静岡県浜松市のため池において初めて発見され，その後 2020 年の時点で 25 都府県の河川のワンド, ため池, 農業用水路で生息が確認されている（図3.3.2）。スジエビは，増殖目的で日本各地に移入されていることから，輸入エビが本種と間違われて野外に放たれたものと推測されている。テナガエビ科に属するスジエビ類は，水産資源保護法の改正により 2016 年から輸入検疫が必要となった。輸入業者は検疫中に大部分のエビが衰弱死すると判断して輸入を停止したが，それ以降もすでに国内に定着したチュウゴクスジエビが釣り餌として流通される事例も確認されており，日本各地への侵入・定着状況や生態系に及ぼす影響について今後も留意しておく必要がある。

（斉藤英俊）

参考図書・文献

1 ）斉藤英俊, 丹羽信彰, 河合幸一郎, 今林博道：広島大学総合博物館研究報告, 3,
　　45-57（2011）
2 ）斉藤英俊：号外海洋, 57, 83-92（2016）
3 ）斉藤英俊：エブオブ, 76, 2-5（2020）

水圏の生物生産

3.4 さかなの知恵と暮らしと生物資源価値

■リーフフィッシュ

　サンゴ礁や岩礁（磯）などの浅海域には，全魚類3万種のうちの約40％もの魚種が生息している。サンゴや岩，転石などが水中に作り出した地形はリーフ（reef）と呼ばれる。そこでは造礁サンゴや海藻類が太陽エネルギーを水中へと取り込み，多様な生命を宿す水中生態系を構築する基盤となる。また，複雑な空間構造をリーフ上に作り出し，大小様々な生き物にすみかを提供する。このようなリーフに依存した暮らしをもつ根付き魚は広くリーフフィッシュと呼ばれる。まずリーフフィッシュの暮らしの成り立ちと生きる術に注目してみよう。

■生存戦略

　どのようなリーフであっても，藻類，動物プランクトン，底棲動物（ベントス），そして小魚を餌として利用する魚種が存在している。多様な魚種が同所的に暮らせる環境には十分な餌がそこに存在する。

　同じ餌資源をめぐる競合関係が同種個体間や異種個体間で生じるような場合には，餌資源をなわばりとして囲い込み，他個体を排除する防衛行動がみられる。一方，食性の異なる魚種や，餌の食べ方の異なる魚種が寄り添いながら餌を食べる随伴採餌や，さまざまな種からなる大きな群がりである異種混群によ

図 3.4.1　採餌活動をしている大きなナガブダイのおこぼれを得ようとするヤマブキベラの随伴採餌（左）と，藻食魚と動物食魚が混在して採餌する異種混群（右）

図 3.4.2　ベラ科オビテンスモドキは夕方になると死サンゴを集め
（写真左），自身が潜って眠るためのシェルター（右の写真の白いサ
ンゴ塊のエリア）を作る。

りエネルギー価値の高い餌を効率的に獲得しうる協調・協力的な種間関係も存在する（図 3.4.1）。

　捕食者から逃れて生き延びるためにはシェルター（隠れ家）を確保し，捕食者の存在・接近を察知する手段を発達させることが重要となる。リーフでは自然地形が作り出した空間をシェルター利用するものが多く，希少なシェルター資源はなわばり防衛される。一部の大型魚種からは，死サンゴ塊などを組み合わせてシェルターを自分で作る習性が確認されている（図 3.4.2）。また，群れで活動することによっても，捕食者を発見する効率を高め，自身が捕食者に襲われる確率を低下させる（薄めの効果）ことが期待できる。

■繁殖戦略

　生き残った個体すべてが繁殖活動に関われるとは限らない。動物一般において繁殖機会をめぐる種内個体間の競争は雄に厳しくなることが多い。これは，繁殖可能な個体の割合（実効性比）が雄に偏りやすい（雄が余る）ためである。さらには，条件の良い産卵場所や，コンディションの良い雄，あるいは派手な形質をもつ雄などを，雌が選り好みする（配偶者選択）ことで，雄間の競争はより激しいものとなる。このような繁殖機会をめぐる競争に起因する進化プロセスを性淘汰と呼ぶ。

　雌の好む産卵場所や雌自身を，雄がなわばり防衛する繁殖戦術は，リーフフィッシュに広くみられる（図 3.4.3）。雌をひきつけるには，なわばりを維持し，

図 3.4.3　なわばり雄の繁殖戦術

雄が卵保育するスズメダイ類（写真左）と，水中に放卵し卵を保護しな
いベラ類（写真右）はともに，大きな雄が雌の好む場所に繁殖なわばり
を構え，スニーキングや性転換を行うことも知られている。

闘争力の高い大きな個体が有利となるが，不利な立場の雄が何もできないわけ
ではない。なわばりでの産卵の瞬間に小型の雄が飛び込んで放精するスニーキ
ング戦術も数多くの魚種で確認されている。また，なわばり雄が複数の雌との
繁殖機会をもつ一夫多妻の魚種では，小型サイズ個体が最初に雌として性機能
し，成長の後に雄へと性を変える「性転換」が広く確認されている。いずれも
生涯にできるだけ多くの子を残すよう進化した現象である。
　生存戦略は，生存競争に関わる自然淘汰を経て発達・洗練される。同様に，
繁殖戦略は性淘汰を通じて進化する。生き残り，子孫を残す（繁殖する）こと
で，行動や生態の基盤を携える遺伝子が次世代へと伝わる。魚たちによって美
しく彩られているリーフには，このような命を繋ぐ多様な生き様（戦略）が維
持されている。

■生物資源価値

　リーフは生物多様性を育む場である。その環境を保全するうえで，リーフ生
態系の基盤となる造礁サンゴや藻類の豊かさを維持する視点は不可欠である。
それらは食物あるいは隠れ家としてリーフフィッシュの生存に大きく関わる。
そのうえで，リーフに生息する多様な生物の再生産メカニズム（繁殖戦略）を
支える環境を守ることが重要となる。
　リーフの生物多様性が損なわれることで，人類が消費使用する価値をもつ資
源（食料や医薬品などの消費的使用価値・生産使用価値）や，将来において潜
在的に利用する予備的使用価値をもつ資源，さらにはエコツーリズムやレクリ

エーションなど非消費的使用価値をもつ資源の喪失が進行する。また，倫理的な側面からの生物多様性そのものへの価値（存在価値）を認めることは，海洋保護区の設置等において重要な視点となる。

　漁業や養殖業などの水産業や，観光・レクリエーションといったリーフフィッシュに関わる経済・文化活動は，自然環境である海の生産力に強く依存している。リーフの生物多様性と生産力を守り，それらを資源として持続的に有効活用・利用することは，人類の命題である。その実現には，海中世界の様々な生き物の存在を知り，それぞれの生き延びる知恵（生存戦略）と命を繋ぐ術（繁殖戦略）を正しく理解することが基盤となる。

（坂井陽一）

参考図書・文献

　1）矢部衞，桑村哲生，都木靖彰 編：『魚類学』，恒星社厚生閣（2017）
　2）桑村哲生，中嶋康裕，幸田正典，狩野賢司 編：『魚類の社会行動 1・2・3』，
　　海游舎（2001・2003・2004）

3.5　海産魚の種苗放流

■種苗放流とは

　海産魚は膨大な数の卵を産む。たとえばマダイは春になると，ほぼ毎日，数万個の卵を1カ月産み続けることで，総産卵数は百万粒に達する。ところが，魚類の死亡曲線は初期減耗が極めて高い早死型だ。マダイにおいても，産み落とされた卵のうち親魚まで生き残れるのはごく少数だ。浮遊生活をしている卵や仔魚は遊泳力が弱く，小魚やクラゲ類に捕食される。餌となる動物プランクトンが不足すると短期間で餓死する。資源加入が不安定な自然界に対して，ある程度の生存力が備わるまで人工的に稚魚を育て，海へと放流すれば，自然界の数千・数万倍の効率で資源が増やせる可能性がある。こうした概念で誕生したのが人工的に生産された種苗を放流する種苗放流である。また，放流の後，成育場を適正に管理することで対象種の成長と繁殖を促進し，生産性を高めて資源の採捕を行うのが栽培漁業である。

　種苗放流を事業化するためには，種苗を安定的に生産する必要がある。日本で初めて人工生産されたのはマダイで，1962（昭和37）年に全長15から20 mmの種苗22尾が育てられ，翌年に数尾のマダイ種苗が放流された。その後，仔魚の初期餌料としてシオミズツボワムシが大量培養されるようになり，多種多様な種苗の安定生産が可能になった。さらに，日本各地に公的な種苗生産施設が建設され，全国規模で種苗放流が行われるようになった。盛期の放流対象種は，海産魚で40種に達し，アワビ，ナマコ，ウニ，マダコ，ケガニ，イセエビなどを加えると90種もの魚介類が放流されていた。

■種苗放流の動向

　海産魚の主要7種，マダイ，ヒラメ，クロダイ，ハタハタ，ニシン，カレイ類，トラフグの種苗放流実績をふりかえってみる（図3.5.1）。放流が開始された当初，放流の主役はマダイだった。最盛期には2,000万尾以上が放流されていたが，近年は減少傾向だ。1995年にマダイから放流尾数1位の座を奪ったのはヒラメだ。ヒラメは美味で大型化するため市場価値が高く，1999年には

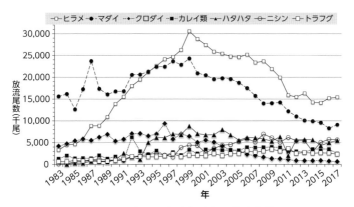

図 3.5.1 主要な海産放流魚の放流実績

海産魚の中で最も多い約 3,000 万尾が放流された。公的機関による種苗放流が開始された当初, マダイと人気を二分したのがクロダイで, 1996 年（平成 8 年）の放流尾数は約 900 万尾に達した。その後, 1998 年まで 3 位を維持していたが, 価格の低迷などによって放流尾数は 60 万尾まで激減している。ハタハタとニシンは北日本を中心に放流されおり, 両種はヒラメとマダイに次いで多い。ハタハタは東北や北陸では大衆魚であり, ニシンは正月料理に欠かせない数の子の親だ。カレイ類は市場価値が安定したマコガレイが中心で, ホシガレイやマツカワなど高級魚も含まれる。トラフグは下関が産地として有名だが、産卵場や成育場と機能している瀬戸内海を中心に放流が盛んだ。

　最近, 放流尾数が増えているのはメバル類やハタ類だろう。これらの魚は根魚とも呼ばれ, 放流地先への定着性が高く, 市場価値も高い。地域性のある魚も放流されている。深海性の高級魚として知られるアマダイやアカムツ（ノドグロ）は日本海や東シナ海で放流されている。近いうちにキンメダイも放流されるだろう。岡山県や香川県で重宝されているサワラや, 高級魚として知られるアイナメは瀬戸内を中心に放流されている。今後, 対象種の「高級化」と「ご当地化」が加速するだろう。

▨放流技術

　人工的な飼育環境で育てられた種苗は, 捕食生物に脅かされることもなく, しかも十分な餌が与えられていた。そのような環境で育てられた種苗は放流後に被食されやすく, また, 餌不足に陥りやすい。このような状況に対処するた

図 3.5.2　威嚇に対して横臥行動を示すマダイ幼魚

め，様々な対策がとられている。たとえば，放流後の環境変化を緩和するため，種苗をあらかじめ放流地先に順応させたり，障害物の多い海底で放流することもある。また，防波堤内で種苗を自然環境に慣らしながら放流する飼付放流も効果的だ。放流種苗の被食対策としては，あらかじめ放流海域の捕食生物を調べ，被食されにくい体サイズの種苗を放流するのも有効だ。

　放流後の種苗の生存率を高めるために，放流に適した種苗を放流することが大切だ。放流種苗としての良否を「種苗性」と呼ぶ。マダイでは横臥行動が（図3.5.2），ヒラメでは潜砂能力が種苗性の指標となっている。

　放流種苗の受け皿となる環境も種苗の生存を左右する。具体的に，放流種苗の生存や環境順応に大きく影響するのは放流場所や放流時期である。これらの1つの目安は，放流場所に対象種の天然稚魚が生息していることだろう。放流種苗が天然稚魚群に加入すれば，索餌や捕食生物からの逃避を学べる。一方，天然餌料には限りがあり，過剰量の種苗を放流すれば人工種苗と天然魚が餌をめぐり競合することもある。環境収容力や競合する魚類相などを踏まえ，放流場所や放流量を決定することも大切だ。

■放流効果

　種苗を生産するために，飼育施設や維持管理，人件費，餌料費，光熱水費などが必要だ。魚種や体サイズにもよるが放流種苗1尾の生産コストは数十円から百円前後となる。放流事業は，公的資金の他，受益者となる漁業者が負担している。だたし，公的予算や漁業人口が減少している今日では，放流事業費の確保は厳しく，経済的観点から放流事業の費用対効果を明らかにすることが求められている。

　漁獲物への放流種苗の混獲率を把握するため，放流種苗にプラスチックタグ，

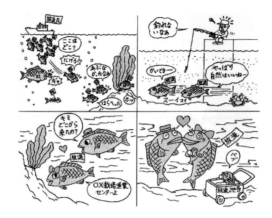

図 3.5.3　次世代添加を目的とした種苗放流

鰭もしくは棘の抜去，蛍光色素による耳石標識が施されていることもある。その他，カレイ類の体色異常やマダイの鼻腔隔皮欠損症など，人工種苗に特異的にみられる奇形が自然標識として利用されることもある。最近では，種苗とその親魚の血縁関係を利用した遺伝標識も利用されている。ただし，比較的，寿命が長く，多回産卵を行う海産魚の種苗放流の目的は，種苗が既存資源に加入し，互いに繁殖することによって資源がかさ上げされる次世代貢献である（図3.5.3）。残念ながら，放流種苗の次世代貢献を把握する手段は今のところ開発されていない。

■責任ある放流

「生物多様性条約」が1993年に発効した。生態系としての多様性，種の多様性，個体群の遺伝的多様性を保全することで，人類が生物資源を永続的に利用するためのものだ。したがって，単一種の集中放流によって，特定海域における種の多様性やバランスが損なわれることは回避すべきであろう。人工種苗は限られた数の親魚から生産されているため，遺伝的多様性が低下する可能性もあり，場合によっては既存資源の遺伝的多様性を喪失させる。放流対象種の遺伝資源を保全するためには，遺伝的多様性や集団構造を把握し，それらを保全する必要がある。海の恵みを享受し続けるためには，生態系との調和と健全な資源の保全に配慮した責任ある放流が望まれる。

（海野徹也）

参考図書・文献

1）北島力 編:『水産学シリーズ 93　放流魚の健苗性と育成技術』, pp. 119, 恒星社厚生閣（1993）

2）田中克, 松宮義晴 編:『水産学シリーズ 59　マダイの資源培養技術』, pp.170, 恒星社厚生閣（1986）

3）松宮義晴:『魚をとりながら増やす』, pp. 174, 成山堂書店（2000）

4）北田修一, 帰山雅秀, 浜崎活幸, 谷口順彦:『水産資源の増殖と保全』, pp. 234, 成山堂書店（2008）

3.6 農林水産業における病気とその発生原因

■魚の病気と経済的被害

　我が国の漁業生産額の約30％は養殖によるものである。そのうち魚の病気（魚病）による被害額は現在およそ100億円に上る。魚病は内因性のものおよび外因性のものに大別されるが，産業的被害が大きいのは外因性の中の感染症を原因とする病気である（表3.6.1）。

■農林水産業上の病気

　産業的被害をもたらす魚病は，我々人間の病気と同様に魚に害のあるものばかりだろうか。ヒラメの病気の中に「白化個体」というものがある。これは餌料栄養素の不足により体色が白化し，商品価値が下がるために病気とみなされる。しかし，体色以外特に健全魚との差はない。一方，魚体の肥大化および生殖成長の停止による食味の向上を目的に，3倍体のマス（絹姫サーモン，信州サーモン）やカキ（かき小町）などが人為的に作られている。3倍体は生殖能力が無いためその生物にとっては病的状態だが，我々人間は3倍体を病気とはみなさない。後者と同様な例が農業分野にもある。冬の風物詩である温州ミカンは2種のウイルスが潜在感染しているが故に果実が肥大化しタネ無しとなっている。これはミカンにとっては次代を残せないが故に病気だが，利用する人間にとっては病気ではない。また，17世紀のオランダでウイルス感染により

表 3.6.1　魚の病気の原因（外因性）

病原体
　　病原微生物：ウイルス，細菌，真菌，原虫
　　寄生虫：粘液胞子虫類，単生類，吸虫類，条虫類など

非病原体
　　環境の理化学的要因：水温，水質（pH，溶存ガス，
　　　　　　　　　　　　　　毒性物質）
　　栄養・食餌性因子：欠乏症，中毒（過酸化脂質など）

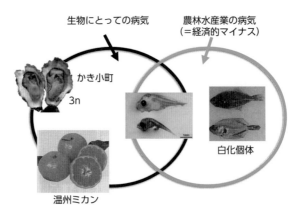

図 3.6.1　農林水産業の病気と生物の病気とのずれ

　花弁に縞模様が入った病気のチューリップの球根 1 つの値段が，屋敷 2 軒分の価値までつり上がったチューリップバブルの話は有名である。つまり，農林水産業の病気とは，経済的にマイナスである生物個体の状況だけを指し，対象生物の実際の健康状態とは必ずしも一致しない（図 3.6.1）。

■病気はなぜ起こるか

　我々人間を含む動物や植物において世の中にこれほど多種多様の病気があるのは偶然だろうか。いや，偶然ではなく必然なのである。魚の病気を取り上げれば，「魚の養殖」自体が病気の拡大や新しい病気の出現を助長している。ではなぜ養殖が病気の発生を助長するのだろうか。以下に 3 つの理由を挙げる。

（1）病原体の移動

　魚類の養殖をする場合，ある養殖場で卵から成魚まで一貫して育てることはほとんどない。種苗を他所から持ち込み，それを出荷サイズまで育てる畜養というスタイルが主となる。種苗を持ち込む際，それとともに病原体が持ち込まれるのを完全に防ぐ手だてはなく，それが病気の発生源の 1 つとなる。

（2）低い遺伝的多様性と高密度養殖

　生産性を考え，養殖場では自然界とは比較にならないほどの高密度で飼育を行う。また，基本的に単一魚種を生け簀に入れて飼育するため，自然界に比べて遺伝的多様性が極端に低い。この状況下で仮に 1 匹の魚に病気が生じれば，病魚と健全魚の接触が容易であるために瞬く間に病気が蔓延する（図 3.6.2）。また病原体には宿主特異性という性質があり，ある魚種の病気は異なる魚種に

は感染しない場合が多いが，同じ魚種のみが存在する養殖場では宿主特異性の
バリアははたらかない。

（3）病原体が病原性を増強する方向に進化

　病原体は，今感染している宿主（魚）が新しい宿主に接近し，それに再感染
するまでは今の宿主を生かしておく必要がある。そうしなければ今の宿主もろ
とも死ぬ運命にあるからである。そこで，病原体は宿主間の移動が困難なほど
宿主の延命を図るために毒力（virulence）が弱まる方向に進化し，逆に移動
が容易なほど毒力が増す。先に述べたように，養殖場では遺伝的多様性が低い
魚の高密度飼育を行うため後者に該当し，養殖は病原体の毒力を増強する結果
となる。

■病気といかに戦うか

　皮肉にも養殖は魚の病気を蔓延させる原因を自ら作っているが，我々人間は
食料確保のために手をこまねいている訳にはいかない。魚病対策は世界的にも
まだ緒に就いたばかりであり，農業における農薬散布のような生産性を圧倒的
に向上させる切り札はまだ無い。魚病対策の切り札の開発には，攻撃をしかけ
る病原体およびそれを受けて立つ魚類の双方の"持ち駒（感染メカニズム）"
をまず把握し，その情報をもとに，いかにすれば感染を食い止められるかを熟
慮する必要がある。現在，魚病学分野では感染メカニズムを分子生物学的に解

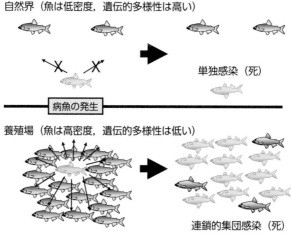

図 3.6.2　自然界と養殖環境における病気の発生様式

明する研究が進められている。

■おわりに

　後半では魚の病気を例に取り，病気が起こる原因について解説した。しかし，病気を助長しているのは何も魚介類養殖だけではなく，農業，畜産業，そして我々人間の高度に集約された生活自体にも同様なことが当てはまる。どれも遺伝的多様性の少ない生物が高密度に存在する状況である。人間は自らが繁栄するために病気という問題の種を播き，それを自らの英知で刈り取らなくてはならない。

（沖中泰）

参考図書・文献

1）江草周三 監修，若林久嗣，室賀清邦 編：『魚介類の感染症・寄生虫病』，恒星社厚生閣（2004）
2）小川和夫，室賀清邦 編：『改訂・魚病学概論 第二版』，恒星社厚生閣（2012）
3）マイク・ダッシュ（明石三世 訳）：『チューリップ・バブル』，文藝春秋（2000）

3.7　海藻資源と養殖

■世界の海藻養殖業

　世界で生産される海藻類は，近年，養殖による生産量が急激に伸びており，海藻類の全生産量に占める養殖業生産量は，2018年には97％に達した。これは，世界の養殖業生産量全体の28％を占め，魚類に次いで2番目に高い。

　養殖海藻の用途は，直接食用と，多糖類のカラギーナン，寒天，アルギン酸の抽出に大別される。養殖業生産量の多い上位5分類群のうち，キリンサイ類（*Kappaphycus, Eucheuma*），オゴノリ類（*Gracilaria*）は，それぞれカラギーナンと寒天の抽出に用いられ，コンブ類（'*Laminaria*'），ワカメ（*Undaria pinnatifida*），アマノリ類（'*Porphyra*'）は，直接食用されている。さらに，養殖コンブ類の一部は，漁獲物と同様，アルギン酸抽出にも使われる。

　キリンサイ類とオゴノリ類の養殖は，インドネシアなどの東南アジアや中国が主産地であり，主に成体の小片を海で再成長させる方法で行われている。一方，コンブ類，ワカメ，アマノリ類は，中国，韓国，日本などの北東アジアが主産地であり，胞子などの生殖細胞から成体まで，生活史の各世代の成長や成熟を，陸上あるいは海でコントロールして生産されている。

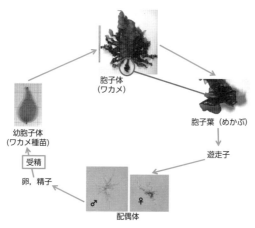

図3.7.1　ワカメの生活史

■日本の海藻養殖業

　2018 年の全国の養殖業生産量および生産額のうち，海藻類は，それぞれ約39%（約 39 万トン）と約 25%（1,196 億円）を占め，魚類に次ぐ養殖産業になっている。生産量と額ともに，7 割以上がアマノリ類で，次いでワカメやコンブ類が続く。全国の海藻類生産量に占める養殖の割合は，アマノリ類とワカメが9 割以上に対し，コンブ類では 4 割未満で，漁獲の割合が高い。以下，アマノリ類とワカメについて，それぞれの生物学的特徴と養殖方法について概説する。

■海藻類の養殖と生活史

　温帯域における海藻類の養殖は，おおむね水温が下降する秋から開始され，収穫は冬から春まで続く。これは，海藻類の繁茂期が，水温が低い冬から春であり，夏には多くの海藻類の体の全体あるいは一部が枯死・流出するサイクルをもつことによる。海藻類にとって，夏は生育に不適な時期であるため，この間は小型な体になって過ごす種も多い。

　多くの海藻類は，複相（2n）の胞子体世代と単相（n）の配偶体世代を繰り返す生活史を示す。胞子体は，減数分裂によって，胞子（遊走子など）を形成し，その胞子が，雄性と雌性の配偶子（卵，精子など）を形成する配偶体に育つ。雌雄の配偶子は接合（受精）して，接合子（受精卵）が，新たな胞子体になる。

　アマノリ類やワカメは，胞子体と配偶体の大きさと形が異なる異形世代交代の生活史である。アマノリ類は，胞子体が顕微鏡サイズの微小な体で，配偶体が巨視的サイズなので，食用している体は配偶体である。ワカメは，胞子体が食用される巨視的サイズの体で，配偶体が微小である（図 3.7.1）。

■海藻養殖の基本的方法

　アマノリ類やワカメの養殖では，陸上と海面での作業があり，以下のような流れで養殖を行う（図 3.7.2）。まず，成体から放出される生殖細胞から微小世代を生育させ，この微小世代を増殖させた後，微小世代から放出される生殖細胞または細断した微小世代を養殖網や糸などに着生させる「採苗」を行い，その後，巨視的な世代の種苗を数 cm まで成長させる「育苗」を経て，成体の収穫を目的とする「本養殖」が行われる。

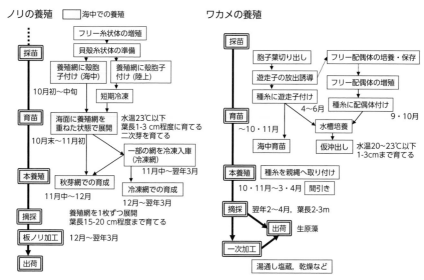

図 3.7.2　ノリとワカメの養殖方法

■アマノリ類の養殖

　アマノリ類は，かつては，ポルフィラ属（*Porphyra*）に分けられていたが，近年の遺伝的類縁性に基づく分類学的再検討により，日本産種は9属に細分化されている。これにより，主な養殖種はアマノリ属（*Neopyropia*）に移された。

　養殖されているアマノリ類は，スサビノリ（*Neopyropia yezoensis*）の品種ナラワスサビノリが9割以上を占める。1960年代以前は，アサクサノリ（*N. tenera*）が養殖されていたが，現在では，品質や栽培上の利点のあるスサビノリが普及している（以降，アマノリ類をノリと呼ぶ）。

　ノリ養殖では（図 3.7.2），あらかじめ，胞子体世代である糸状体を増殖させ，裁断した糸状体を貝殻に穿孔させた貝殻糸状体を準備する。胞子体世代は，系統ごとにフラスコ内で浮遊状態で保存培養される（フリー糸状体）。貝殻糸状体から放出される殻胞子は，ノリ葉状体（配偶体）に育つ。この殻胞子を養殖網に付着させる採苗は，海面で行う場合と，陸上で温度管理をして行う場合があり，陸上で行う場合は，主に漁場の水温が養殖に適した水温（23℃以下）に下がるのを待つため養殖網を短期冷凍する。その後，海面でノリを長さ数cmまで育てる育苗を行うが，このとき，ノリ幼体から無性の胞子が放出され，「二

次芽」として成長するため，採苗時より多くのノリ葉状体を得ることができる。採苗後は，一部を秋芽網として，1枚ずつ海面に展開して本養殖を行う。収穫は，ノリの根元を残して刈り取るため，1枚のノリ網から数回，再成長したノリの収穫が可能である。残りの網は冷凍保存し（冷凍網），替え網として使用する。冷凍後1年程度は，ノリの成長力は維持されるが，ノリ以外の海藻類では，こうした保存は実用に至っていない。

■ワカメの養殖

ワカメ属（*Undaria*）は，コンブ属（*Saccharina*）とともに，世界で30属以上あるコンブ目の中では，広く食用されている。

ワカメの養殖では，2通りの採苗方法がある。1つは，胞子葉（めかぶ）から放出される遊走子を直接，糸に付着させて配偶体を育てる。もう1つは，遊走子をフラスコ内で発芽させた浮遊状態のフリー配偶体を準備し，増殖させた配偶体を糸に付着させる。糸上で雌雄の配偶体が成長して，卵と精子を形成し，受精すると，ワカメ幼胞子体が育つ。ただし，無性的に胞子体が増える性質はない。海面で数cmのワカメになるまで育苗した種糸を，太いロープの親縄に取り付けて本養殖が行われる。ワカメは，刈り取り後にノリほど速く再生しないので，通常1つの体は1回のみ収穫される。

■その他の海藻類の養殖

食用海藻の中で，ノリ，ワカメ，コンブ類では，特に養殖や育種技術が発達し，近年では，海面水温の上昇に対応するため，高水温耐性をもつ栽培品種の開発も国内外で進められている。一方，その他の種では，こうした研究は少ない。また，テングサ類は，微生物培養や遺伝子実験に使用される高品質な寒天の原料であるが，いまだに商業規模での養殖方法は確立されていない。さらに，食品や多糖類に加え，機能性成分の原料として，海藻類への関心は高く，今後も，様々な海藻類の生物学的特徴の理解を進め，新たな養殖種や品種を確立していくことが必要である。

（加藤亜記）

参考図書・文献

1）三浦昭雄 編：『水産学シリーズ88 食用藻類の栽培』，pp.150，恒星社更生閣

　　（1992）

2）大野正夫 編：『有用海藻誌─海藻の資源開発と利用に向けて』，pp. 575, 内田老鶴圃（2004）

3）Hurd C.L., Harrison P.J., *et al.*：Seaweed Ecology and Physiology SECOND EDITION, pp. 551, Cambridge University Press（2014）

4）二羽恭介 編：『シリーズ水産の科学 4　ノリの科学』，pp. 194, 朝倉書店（2020）

5）FAO：The State of World Fisheries and Aquaculture 2020. Sustainability in action, https://doi.org/10.4060/ca9229en

3

水圏の生物生産

3.8 魚介類の一生

■もう1つの顔

　ウニは全身が棘に覆われる丸い動物，カニは1対の大きな鋏をもつ横歩きの動物，というふうに，魚介類の名前を聞けばその姿をたいてい想像できるだろう。私たちが見慣れた魚介類は通常，成熟したおとな（成体）であるが，そのこども（幼若体）の体の構造も，基本的には成体のそれと大きく変わらない。しかしその姿は一生のうちの一部に過ぎず，多くの魚介類が幼若体になるもっと前に生まれ，形も生活もまったく異なる幼生と呼ばれる時期を過ごす。これは，昆虫類でいう「幼虫」に相当する時期である。昆虫類の幼虫が土の中や木の上で静かに過ごすのに対して，魚介類の幼生は水中を冒険する壮大なドラマの主人公となる。

■生活史と個体発生

　生活史とは生物の誕生から死亡までの「一生」のことである。陸上の動物と同じように，水圏の動物の生活史もたった1個の細胞，受精卵から始まる。受精によって発生のスイッチが入った卵は細胞分裂（卵割）を始める。この時期の個体を胚と呼ぶ。胚は卵とほぼ同じ形（球体〜楕円体）のまま受精膜の中で発生し，やがて孵化して各種に特有の形づくりを開始する。生命活動を始めた受精卵が成体に至るまでの過程を個体発生というが，成体がもつほぼすべての器官を備え幼若体として受精膜から孵化する個体発生の様式を直達発生（または直接発生）という。直達発生は，沼や湖，水の流れが緩やかな干潟などに棲む甲殻類や巻貝類，保育習性のある魚類にしばしばみられる。これに対し，器官形成が始まる原腸胚期〜幼生期に受精膜から孵化し，幼生として自由生活期間を過ごした後に幼若体に至る発生様式を間接発生という。海産の魚介類では間接発生がより一般的である。

　間接発生の例としてクルマエビの生活史を見てみよう（図3.8.1）。成体雄との交尾により精子の入った袋（精包）を受け取った成体雌は，産卵時に卵を受精させ海中に放出する。胚は海中を漂いながら発生し，やがてノープリウス期

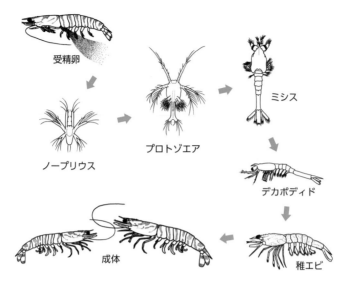

図 3.8.1 クルマエビの生活史
(Hudinaga 1942，Hayakawa 2016 を参考に作図)

の幼生として孵化する。幼生はおよそ1ヶ月の浮遊生活を送りながら，ノープリウス期，プロトゾエア期，ミシス期と形を変えて発生したのち，デカポディド（ポストラーバとも呼ばれる）期に至る[1]。デカポディド期は，浮遊生活を送る幼生が海底付近で生活する幼若体（稚エビ）へと移行するための期間である。稚エビ以降は形を大きく変えることなく成体へと成長する。成体は次世代を残すために他個体との生殖に参加し，2～3年の寿命を全うする。

■幼生の生活

クルマエビの幼生は外見を大きく変えながら発生するが，これには生理的・行動的な変化を伴う。ノープリウス期の幼生は卵黄に蓄積された栄養のみで発生するが，プロトゾエア期の幼生は機能的な消化管を備え，水中の微細藻類を集めて食べる。ミシス期になると動物プランクトンを捕食し，幼生はより高度な栄養を求めるようになる。デカポディド期から稚エビに移行する間には浮遊から底生へと生活場所を転換する。このように，幼生のある時期から別の時期へ，あるいは幼生から幼若体へと形態や生態が劇的に変化する発生の現象を変態という。変態における目に見える形態変化に要する時間は短い。クルマエビ

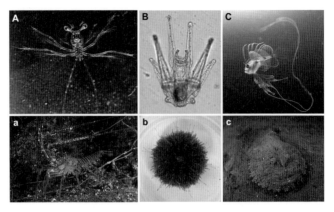

図 3.8.2　様々な魚介類の幼生と成体

A. イセエビのフィロゾーマ幼生，B. バフンウニのプルテウス幼生，C. キアンコウの幼生（仔魚），a. イセエビの成体，b. バフンウニの成体，c. アンコウ類の成体（a と c は若林ら（2017）より複製）

では十数分，他の魚介類でも数分〜数日のうちに完了する。実際には，目に見える変化に先立って，それを支配する複雑な内分泌学的・分子生物学的な仕組みが体内で進行する。

　エビ類に限らず，実に多くの魚介類が不思議な形の（そして不思議な名前の）幼生をもっている（図 3.8.2）。彼らが個体発生においてそれぞれ特有の幼生期を経過することは今でこそ広く知られているが，かつてはプランクトン試料中に多数見つかるこれらの幼生はある種の成体だと信じられ，分類学的に記載され学名を与えられていたものも少なくない。その名残が今でも特定の幼生を表す名称にみられる[2]。

■幼生を経過する意義

　海に棲む魚介類の幼生は基本的に小さく脆弱である。磯の王者といわれるイセエビも孵化直後の幼生は 2 mm ほどで，水の流れに逆らって泳ぐ力はない。幼若体として孵化する直達発生ではなく，多くの種がわざわざ幼生期を経る間接発生を選択しているのには理由がある。

　生物は生活により適した環境を求めて移動し，そこで出会う同種の他個体と生殖することで種を維持している。ところが海産魚介類の場合，成体は海底を匍匐したり，海底に固着したりして生活する場合が多い。遊泳性の種も群れや

なわばりをつくると行動範囲が制限されるし，単独生活者が泳いで移動するにも相当のエネルギーが必要になる。つまり，ひとたび成体の生活を始めると，新天地を探して自由に移動できる機会はほとんどない。一方，幼生は潮流や海流に乗って短時間のうちに長距離を移動でき，分布域の拡大を容易にする。さらに，ある個体群で生まれた幼生が，遠く離れた別の個体群へ加入し生殖することで，集団間の遺伝子の交流（遺伝子流動）を促す。これは魚介類の幼生が担う種を維持するための重要な機構の1つである[3]。幼生たちが体に不相応なほど長い棘や大きな遊泳器官を発達させているのは，捕食者から逃れてより遠くへ分散できるよう工夫を凝らした成果であるといえる。

■幼生と人間の関わり

　幼生は環境変化に敏感である。幼生が許容できる変化の範囲は成体のそれに比べてはるかに狭い。人間活動の影響で変わってしまった水圏環境は魚介類の特に幼生に大きな打撃を与える。たとえば水温が2，3℃上昇するだけでも正常な発生はむずかしくなり，幼生は生命維持の危機に瀕する。幼生の生活を奪うことは種の存続を奪うことを意味する。

　人間の手によって魚介類の繁殖を管理し新しい生命を生み出す技術を種苗生産という。人工的に生産された魚介類の幼若体は栽培漁業や養殖に使われる。幼生の特性を理解し，いかに再現するかが種苗生産の成功を左右する。

　天然であれ生簀であれ，幼生たちがたくましく生き抜いてこそ，豊かな魚介類を育むことができるのである。

（若林香織）

参考図書・文献

1 ）Martin,J.W., Criales,M.M., *et al*.：in Atlas of Crustacean Larvae (eds. Martin,J. W., *et al*.)， pp. 235-242, Johns Hopkins University Press （2014）
2 ）若林香織，田中祐志（著），阿部秀樹（写真）：『美しい海の浮遊生物図鑑』，pp. 180, 文一総合出版（2017）
3 ）Havenhand,J.N.：in Ecology of Marine Invertebrate Larvae (ed. McEdward, L.R.), pp. 79-122, CRC Press （1995）

3.9　海洋生物の種間関係

■さまざまな種間関係

　海の中をのぞいてみると多様な生物が密接に関わりあいながら生活をしている。たとえば，毒をもつイソギンチャク類をクマノミ類が捕食者からの隠れ家として利用していることは有名である。一方で，イソギンチャク類もクマノミ類がイソギンチャクを餌とする魚類を追い払うことで捕食される危険から身を守ることができていると考えられ，お互いに Win-Win な種間関係が結ばれている。他にも，ある餌や生息場所を互いに奪い合ったりする関係や餌生物と捕食者の関係，寄生虫と宿主の関係も種間関係の1つと考えることができる。このような種間関係を考えるうえでは2種間の利害関係の有無が重要になってくる[1]。2種間の利害がお互いにとってプラスになる場合を相利，マイナスになる場合を競争という。利害が2種のうち一方にはプラス，もう一方にはマイナスになる場合を捕食や寄生と呼ぶ。捕食では被食者（マイナス側）が捕食者（プラス側）に食べられてしまうことで成り立つ関係だが，寄生では宿主（マイナス側）が寄生者（プラス側）に食べられることで直ちに死んでしまうことはほとんどない。さらにある種にとっては利益も害もないが，もう一方にとってはプラスになる場合を片利，マイナスになる場合を片害と称する。お互いに利害関係がなければ中立というが，生態系の中でこれを証明するのは非常にむずかしい。また，種間関係の中で2種がお互いに影響しあいながら同所的に生活していることを共生と呼び，相利や片利，寄生を含む概念として生態学で使われている[2]。

　このような種間関係は刺胞動物であるクラゲ類でもよく研究されており，注目されている。ここではクラゲ類を中心として様々な生物の種間関係について紹介していきたい。

■クラゲ類と他生物の競争関係

　クラゲ類は海洋の食物連鎖の中でカイアシ類などの動物プランクトンを捕食する肉食者に位置する。この動物プランクトンを捕食する肉食者にはクラゲ類

の他にプランクトン食性の魚類が含まれる。このためクラゲ類とプランクトン食魚類はカイアシ類という餌を奪い合う競争の関係にあるといえる。この競争についてはカタクチイワシとミズクラゲにおいて研究がなされており，ミズクラゲの1日あたりのカイアシ類の捕食能がカタクチイワシのものに比べて1〜2オーダー高いという結果が示されている[3]。このためミズクラゲが大量発生した場合，カイアシ類の捕食能で劣るカタクチイワシは餌不足に陥り，数を減らしてしまうといわれている[4]。

■クラゲ類と他生物の捕食関係

上述のようにクラゲ類は動物プランクトンを捕食する肉食者である。また，ヒクラゲやアンドンクラゲのような立方クラゲと呼ばれるクラゲ類にはカタクチイワシやマアジなどの魚類を主な餌生物としている種もいる[5]。この場合はクラゲ類が捕食者であり，動物プランクトンや魚類が被食者となる捕食の関係である。一方で，近年ではクラゲ類が被食者となる捕食関係も明らかになりつつある。これまでクラゲ類を捕食する生物としてはウミガメ類やマンボウ，カワハギ類，イボダイ類，サバ類などがよく知られていたが，その他の生物では断片的な情報しかなかった。これはクラゲ類の体がゼラチン質でできており，胃・消化管内容物中から検出されにくかったためと考えられる。このため食物連鎖内でクラゲ類の餌としての重要性は低いとされてきた。しかし，安定同位体比分析や胃・消化管内容物のDNA分析，ビデオロガーによる捕食行動の観察などの技法により，これまで考えられてきたよりも多くの生物がクラゲ類を捕食していることがわかってきた[6]。その中にはタイセイヨウクロマグロやヨーロッパウナギ，オーストラリアイセエビなど我々の食卓にならぶような水産重要種やアデリーペンギン，コガタペンギン，アホウドリ類などの海鳥が含まれている。また，ユウレイクラゲやサムクラゲは他のクラゲ類を捕食するため，捕食者も被食者もクラゲ類ということになる。今後，クラゲ類と他生物の捕食関係について研究が進めば，食物連鎖におけるクラゲ類の餌としての重要性が見直されるだろう。

■クラゲ類と他生物の片利および寄生関係

クラゲ類と片利や寄生関係にあると考えられている生物は原生生物，扁形動物，線形動物，刺胞動物，節足動物，軟体動物，棘皮動物，魚類など多岐にわ

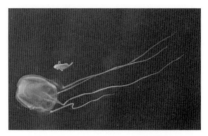

図 3.9.1　ヒクラゲをシェルターとして利用するイボダイ当歳魚

たっている[7, 8]。この中にはクラゲ類と捕食関係にある生物も含まれている。多くの生物は毒をもつクラゲ類を外敵から身を守るためのシェルターとして利用していると考えられ，特に魚類では孵化後 1 年未満の当歳魚がクラゲ類に共生している（図3.9.1）。しかし，イソギンチャク類とクマノミ類との関係とは違ってクラゲ類へのメリットについては知られておらず，この種間関係は片利ではないかとされている。また，カニ類やエビ類，クモヒトデ類など底生生物がクラゲ類を利用していることも知られ，移動するための乗り物として利用する場合は片利関係であるといえる。アジ類のような一部の魚類やクモヒトデ類ではクラゲ類が集めた餌を横取りすることも報告されており[9, 10]，利害関係を考えると寄生に含まれるようなケースも存在する。扁形動物の吸虫類や条虫類，線形動物の線虫類，刺胞動物のイソギンチャク類，節足動物のウミグモ類やクラゲノミ類はクラゲ類を宿主とする寄生関係が知られている。なかでも吸虫類はクラゲ類と他生物との関係を利用した生活史をもつ内部寄生虫であるため，ここで紹介する。瀬戸内海にはミズクラゲ，アカクラゲ，ユウレイクラゲを第二中間宿主として利用する吸虫類が確認されている[11]。この吸虫類は生活史の中で複数の宿主を必要とし，卵から孵化した幼生が第一中間宿主，第二中間宿主を経て発育し，終宿主内で性成熟し成体となるのだが，この生活史の中で第二中間宿主から終宿主への感染が捕食関係を通じて行われる。瀬戸内海においてこの吸虫類はクラゲ体内でイボダイやウマヅラハギなどのクラゲ食性魚に捕食されるのをじっと待つ。そして，吸虫類の幼生がクラゲごと魚類に捕食されると消化管内で性成熟して成体となり卵を産む。そのため，この吸虫類の生活史はクラゲ類と魚類との捕食関係なしには成立しないのである。さらに，ユウレイクラゲがクラゲ食であることは上で述べたが，ユウレイクラゲが吸虫類の寄生したミズクラゲ，アカクラゲを捕食することでユウレイクラゲへの寄生虫の

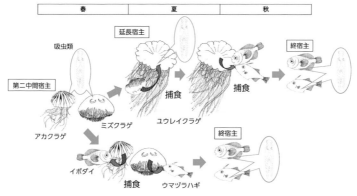

図 3.9.2　吸虫類の感染経路

濃縮・移動も行われている。瀬戸内海ではミズクラゲ，アカクラゲは春から夏にかけて出現するが，ユウレイクラゲは夏から秋にかけて出現する。つまり吸虫類はユウレイクラゲに濃縮されることによってクラゲ食性魚に捕食される機会が増加・延長されるのである（図3.9.2）。このような宿主は延長宿主と呼ばれる。

　このように海洋では多くの生物が様々な種間関係を築きながら暮らしている。その関係は種間の組み合わせが異なればまったく異なる様相を呈する。さらには生物の成長段階や環境条件によっては利害関係も変化するため，これまで片利と考えられていた種間関係が実は相利であったり，寄生に該当することが明らかになったりすることもある。海洋生物の種間関係は非常に奥深く，興味が尽きない。

（近藤裕介）

参考図書・文献

1）伊谷行：『ベントスの多様性に学ぶ海岸動物の生態学入門』（日本ベントス学会 編），pp. 83-102，海文堂出版（2020）
2）名和行文：『寄生と共生』（石橋信義，名和行文 編），pp. 1-13，東海大学出版会（2008）
3）広海十朗，粕谷智之ほか：日本プランクトン学会報，**52**，82-90（2005）
4）銭谷弘，河野悌昌ほか：水産海洋研究，**81**，1-17（2017）
5）Kondo,Y., Okada,S., *et al.*：Plankton & Benthos Research，**13**，66-74（2018）
6）Hays,G.C., Doyle,T.K., *et al.*：*Trends in Ecology & Evolution*，**33**，874-884（2018）

7) Ohtsuka,S., Koike,K., *et al.* : Plankton & Benthos Research, **4**, 1-13 (2009)

8) Ohtsuka,S., Kondo,Y., *et al.* : Bulletin of the Hiroshima University Museum, **2**, 9-18 (2010)

9) Masuda,R., Yamashita,Y., *et al.* : *Fisheries Science*, **74**, 276-284 (2008)

10) Ingram,B.A., Pitt,K.A, *et al.* : *Journal of Plankton Research*, **39**, 138-146 (2016)

11) Kondo,Y., Ohtsuka,S., *et al.* : *Parasite*, **23**(16) (2016)

3.10　瀬戸内海の水産資源変動

■水産資源の変動とは

　養殖を除く水産業の中心は，漁業である。漁業は野生の生物を人間の食料として獲るという点で，農業や畜産業など他の一次産業とは大きく異なる。水産資源とは，漁獲対象となる野生の魚介類である。水産資源は当然のことながら無限に生息しているわけではなく，増えたり減ったりする。このような資源変動には，海洋環境の変化（たとえば水温の上昇や餌生物の増減）に加え，人間による獲りすぎ（乱獲）が大きな要因となることもある。水産資源を持続的に利用するためには，水産資源の生産力を理解し，適正な漁業の在り方を考えていかなくてはならない。残念ながら，水産資源の生活史や生産力についての科学的な理解はまだまだ不十分である。

■瀬戸内海の漁業

　瀬戸内海は，日本海とは関門海峡，太平洋とは豊後水道と紀伊水道を通じて繋がっている半閉鎖的な海域である。潮汐によって流れの方向が大きく変わり，また流れの速い場所があるものの，波や風が弱くて全体的に静穏な海域であり，カキやノリなどの養殖が盛んに行われている。平均水深は38 mであり，外海域に比べれば浅い海域である。

　瀬戸内海における魚類の漁獲量は，1985年以降は減少傾向が続いている（図3.10.1）。なお，漁獲量の減少は資源の減少を反映している場合が多いものの，漁業に従事する漁業者が高齢によって漁業をやめたり，出漁日数を減らしたりすることにも影響を受けていることに留意する必要がある。

　瀬戸内海の漁船漁業での主要な漁獲物は，2000 〜 2017年ではカタクチイワシとイカナゴである[1]。「ちりめん」や「シラス」として流通しているものは，カタクチイワシの仔魚である。これらの魚は，漁獲対象として重要であるだけでなく，魚食性の魚類，たとえばサワラやブリ，タチウオ，ヒラメといった捕食者にとっての重要な餌料でもある（図3.10.2）。カタクチイワシやイカナゴが減少し，これらに替わる小型魚類の増大がなければ，魚食性の魚類の生産性

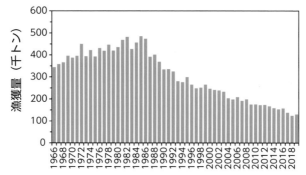

図 3.10.1　瀬戸内海における海面漁業漁獲量の推移
（海面漁業生産統計調査をもとに集計）

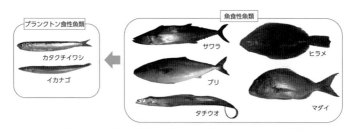

図 3.10.2　瀬戸内海における魚類の捕食・被食関係

（成長や再生産）が減少することになり，重要な問題である。

■減るイカナゴと増えるマダイ

　イカナゴは，春先に漁獲される稚魚を佃煮にした「くぎ煮」で親しまれている魚である。2016 年までは兵庫県が全国第 1 位の漁獲量であった。ところが，2017 年以降に瀬戸内海全体でイカナゴの漁獲量が急激に減少し（図 3.10.3），回復の兆しがみられない状態となっている。イカナゴは夜間や夏場に砂に潜って過ごすなど，砂に強く依存して生息している[2]。かつては瀬戸内海の各地でイカナゴがたくさん生息していたが，コンクリート用の海砂を長い期間にわたって採取し続けたことで，イカナゴの棲み場が失われてしまった。さらに，近年の温暖化の進行により，冷水性魚種であるイカナゴにとって極めて厳しい状況となっている。その他，イカナゴにとっての餌となる動物プランクトンが年々減少していることも影響していると考えられている[3]。餌が十分利用できない条件下では，イカナゴの産卵量が減少すること[4]，カタクチイワシの産卵

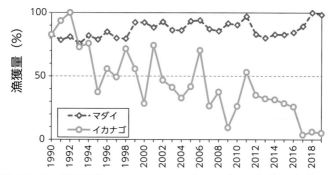

図 3.10.3　瀬戸内海におけるイカナゴとマダイの漁獲量（ピークを 100% とした場合の相対値，海面漁業生産統計調査をもとに集計）

間隔（カタクチイワシは 1 尾の親魚が数日おきに卵を産む）が長くなること[5]が実験的に確かめられている。

　一方，1999 年ぐらいから高い資源水準となっているのがマダイである（図3.10.3）。近年の水温上昇は，マダイにとって有利に作用しているという報告もある[6]。マダイはイカナゴを捕食するが，イカナゴ以外の魚類や甲殻類（エビ類など）もよく捕食するため，イカナゴの減少による影響はみられていない。捕食者がある特定の餌生物に強く依存している場合には，餌生物の減少が捕食者の動態に直接影響するが，イカナゴとマダイの場合には当てはまらないと考えられる。

■持続的な漁業に向けて

　これまで見てきたように，漁獲量は魚種によって増加や減少の傾向が様々である。このような変動がどのようなメカニズムによって生じているのかを理解していくことが，持続的な資源の利用を行う上で不可欠である。しかし，資源の変動には地球温暖化といった環境の変化，海砂の採取といった人為的な環境の攪乱，さらに動物プランクトンなど餌生物の変動，漁業による産卵親魚の減少など，様々な要因が複雑に絡まって影響しており，そのメカニズムの解明は大変むずかしい課題でもある。瀬戸内海の水産資源が種ごとにどのような生息環境を必要としているのか，どのような餌生物を利用し，どのような物理条件（底質や塩分など）を好み，どのぐらいの生産力を有しているのか，どのぐらい漁獲できるのか，といったことを 1 つ 1 つ解明していく地道な努力が求めら

れている。

（冨山毅）

参考図書・文献

1）冨山毅, 坂井陽一ほか:「瀬戸内海における魚類生産と保全」,『里海管理論』（柳 哲雄 編）, pp. 105-115, 農林統計協会（2019）
2）Endo, A., *et al.*：*Journal of Ethology*, **37**, 213-219（2019）
3）Nishikawa, T., *et al.*：*Fisheries Oceanography*, **29**, 52-55（2020）
4）Kuzuhara, H., *et al.*：*PLoS ONE*, **14**, e0213611（2019）
5）Yoneda, M., *et al.*：*Marine Ecology Progress Series*, **516**, 251-262（2014）
6）Yamamoto, M., *et al.*：*Fisheries Oceanography*, **29**, 1-9（2020）

3.11 瀬戸内海の水環境の変遷

3

水圏の生物生産

■瀬戸内海の諸元

　瀬戸内海は東西 450 km, 南北 15-55 km, 平均水深 38 m, 最大水深 105 m, 水面面積 23,203 km², 容積 8,815 億 m³, 流域人口 3,000 万人の我が国最大の内海である[1]。瀬戸内海には, 大小あわせて 3,000 ほどの島があり, (周囲 0.1 キロ以上の島は 700 余)[1], Ferdinand の支那旅行日記で世界中に多島美が紹介された。

■瀬戸内海の富栄養化

　瀬戸内海は本州, 四国および九州によって囲まれた閉鎖性水域である。閉鎖性水域は地形的要因で水の交換が悪く物質が留まりやすい。高度経済成長期の瀬戸内海は, 陸域から流入する生活排水や工場排水に含まれる窒素, リンなどの栄養塩が過多となり, 植物プランクトンが大増殖し, 赤潮の発生件数が, ピーク時には年間 300 件近くに達した。やがて, 大増殖した植物プランクトンは死滅し, 海底に堆積し, バクテリアによって分解されてゆく。植物プランクトンの死骸などの有機物が好気的に分解される過程で水中の溶存酸素が消費される。特に夏の水柱は, 表層付近で温められた海水は底層の冷たい海水よりも密度が小さくなるため, 冷たい底層水の上に温かい表層水が重なり成層する。成層期には鉛直混合によって海底まで酸素が供給されにくく, 海底では, 溶存酸素濃度が低い水塊 (貧酸素水塊) が発生する[2]。このような貧酸素環境下では硫酸還元菌が海水に含まれる硫酸イオンを還元し, 硫化水素が発生する。硫化水素は通常の生物にとっては非常に有毒であり, 低酸素症と同様な症状を起こす。多くの生物種では 2.93 〜 59 μM と低濃度で影響を受けることが報告されている[3]。また, 貧酸素環境下では堆積物中のリンが水柱へ溶出する。これらの一連のプロセスを (人為的な) 富栄養化という。

■瀬戸内海の富栄養化対策に向けた法整備

　瀬戸内海の富栄養化対策として 1973 年に瀬戸内海環境保全臨時特別措置法が水質汚濁防止法の特別法として施行された。この特別法は 1978 年に瀬戸内

184

海環境保全特別措置法として恒久法となった。瀬戸内海環境保全特別措置法では，特定施設の設置の規制，富栄養化による被害の発生の防止，自然海浜の保全等に関し特別の措置を講ずることにより，瀬戸内海の環境の保全を図ることなどが目的とされている。この一連の法整備によって，1980年にリン削減指導が，1996年に窒素の削減指導が行われた。また，水質汚濁防止法に基づく濃度の基準だけでは環境基準の達成が困難な地域（東京湾・伊勢湾・瀬戸内海）に，濃度×水量で得られる汚濁物質の総量（汚濁負荷量）を削減する総量規制が適用された（表3.11.1）。1980年には，有機汚濁の指標である化学的酸素要求量（COD）が，2002年には，これまでのCODの総量規制に加えて，リンおよび窒素が総量規制の対象となり削減目標が定められた。

　法整備が功を奏し，瀬戸内海への窒素・リンの発生負荷量（1日あたりの瀬戸内海へ流入する窒素・リンの量）は，ピーク時では，全窒素で697トン，全リンで62.9トンであったが，近年では，ピーク時の6割（全窒素），4割（全

表3.11.1　水質総量規制の変遷

総量規制	対象項目	基本方針策定	適用日	目標年度
第1次	COD	1979年6月	1980年7月1日	1984年度
第2次	COD	1987年1月	1987年7月1日	1989年度
第3次	COD	1991年1月	1991年7月1日	1994年度
第4次	COD	1996年4月	1996年9月1日	1999年度
第5次	COD・窒素・リン	2001年12月	2002年10月1日	2004年度
第6次	COD・窒素・リン	2006年11月	2007年9月1日	2009年度
第7次	COD・窒素・リン	2011年6月	2012年5月1日	2014年度
第8次	COD・窒素・リン	2016年9月	2017年9月1日	2019年度

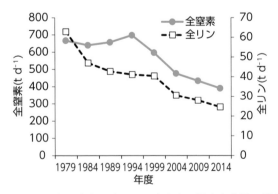

図3.11.1　瀬戸内海の全リン・全窒素の発生負荷量の推移
（環境省，せとうちネット：発生負荷量の推移のデータより作図）[4]

3

水圏の生物生産

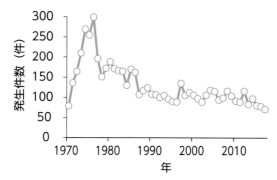

図 3.11.2　瀬戸内海の赤潮の発生件数の推移
（環境省，せとうちネット：赤潮の発生実件数データより作図）[4]

リン）に減少した（図 3.11.1）[4]。栄養塩の発生負荷量が減少したことに伴い，近年の瀬戸内海の赤潮の発生は年間 100 件前後で推移している（図 3.11.2）[4]。赤潮の発生が年間 100 件前後で推移している原因は，底泥からの栄養塩の溶出に伴う植物プランクトンの増殖が考えられる。

▉瀬戸内海の貧栄養化

　COD, リン，窒素などの総量規制に対応して，下水処理場が設置されたり，下水の処理技術が向上したり，合成洗剤の無リン化が進んだりした。その結果，瀬戸内海の水質が改善され，透明度も上昇し，赤潮の発生も抑制された。ところで，植物プランクトンは大増殖すれば赤潮の発生をもたらすが，その一方で海洋生態系のピラミッドの根幹をなしている。すなわち，植物プランクトンは海洋生態系の食物連鎖において一次生産者の役割を担っている。したがって，法整備によって陸から瀬戸内海へ流入する栄養塩が不足すると，植物プランクトン，動物プランクトンが減り，海の生態系ピラミッドが小さくなり，ひいては，魚の減少につながる（実際には，生産者―捕食者，捕食者どうしの間で複雑な動きをして平衡に達する）。近年の瀬戸内海の漁獲量はピーク時（1980 年代）の 1/3 に減少した（漁獲量の減少の原因は栄養塩の削減のみならず，干潟・藻場面積の減少，過剰な漁獲などの要因も指摘されている）。このように，海水中の栄養塩不足を招き，漁獲量の減少，ノリの色落ちなど海洋の生産性が低下する現象を貧栄養化という。近年の研究でリンや窒素も適当な濃度であれば漁業を支え，澄んだ海と恵み豊かな海は両立しないことが明らかになってきた[5]。

現在の瀬戸内海は大阪湾の湾奥を除き，貧栄養化が問題になっている。2018年に水産用水基準が改訂され，陸域からの栄養塩類供給に依存する閉鎖性内湾では，全窒素濃度が 0.2mgL^{-1} 以下，全リン濃度が 0.02mgL^{-1} 以下の海域は生物生産性が低い海域であり，一般的には漁船漁業には適さないと明記されている。このように，近年では，恵み豊かな海を維持するための栄養塩濃度の下限値を定める方向に動いている[6]。

■里海

貧栄養化が問題となっている瀬戸内海各所について，豊かで多様な生態系と自然環境を回復・保全するため，日本発の基本理念「里海」が提唱されている。里海は陸地でいう里山の概念と同じく，人と自然の境界領域で人の手で陸域と沿岸域が一体的に総合管理され，人と自然が共生することで高い生物生産性と生物多様性が維持されるところだ[7]。すなわち，森の栄養塩や有機物は降雨などにより川から海へ供給される。海では，森からの栄養塩等は植物プランクトンや海藻などの生長に利用され，食物連鎖で動物プランクトン，魚類へと転送される。魚類が漁獲されたり，河川を遡上して陸上動物によって捕食されることで，再び，栄養塩や有機物が陸域へ戻る。このような森・川・海の絶妙なバランスが人の手によって保たれ，健全な物質循環が構築されている[7]。2015 年には，瀬戸内海環境保全特別措置法に「瀬戸内海を人の活動が自然に対し適切に作用することを通じて，美しい景観が形成されていること等，その有する多面的価値・機能が最大限に発揮された豊かな海（里海）とする」との基本理念が新設された。

（浅岡聡）

参考図書・文献

1）環境省：瀬戸内海の概況，https://www.env.go.jp/water/heisa/heisa_net/setouchiNet/seto/kankyojoho/sizenkankyo/gaikyo.htm
2）浅岡聡：化学と教育，**64**，30-33（2016）
3）丸茂恵右，横田瑞郎：海生研研報，**15**，1-21（2012）
4）せとうちネット：https://www.env.go.jp/water/heisa/heisa_net/setouchiNet/seto/index.html
5）Yamamoto, T.：*Marine Pollution Bulletin*，**47**，37-42（2003）
6）日本水産資源保護協会：『水産用水基準 改訂第 8 版』，pp. 4-22，日本水産資源保護協会（2018）
7）里海ネット：https://www.env.go.jp/water/heisa/satoumi/

4

食の科学と利用

188

4.1 食品の栄養（一次機能）

現代の栄養学

　ヒトは毎日食品を摂取することでエネルギーとして変換し，生命現象を維持している。食品から得られた栄養素は体内で消化・吸収され，細胞内外で分解，変換，合成などの代謝を繰り返しながら利用され，最終変化物は体外へと排出される。食事は，まさに生命現象を営むために必要不可欠なエネルギー源や生体構成成分の補給としての重要な役割を意味するものである。特に糖質，脂質，タンパク質は，1日の摂取量が数十 g から数百 g にもなることから三大栄養素と呼ばれ，小学校の給食献立表にも記載されている。三大栄養素については，1800 年代古くの栄養学において熱の発生量の測定により，エネルギー産生栄養素となる機能性が明らかにされてきた。現代では，食品の機能性は，生命維持や成長のための必要性から，食生活の豊かさまでを含めた3つの分類によって体系化されており，栄養機能（一次機能），食べ物の味やにおいに関連した感覚・嗜好機能（二次機能），そして健康の維持や向上に関与する生体調節機能（三次機能）として定義されている。その中でも，ヒトが生きていくために1日に3度の食事をし，外界から取り入れた食品の生体内での変化過程（消化や代謝）を解明する古くからの学問はまさに一次機能の栄養学の歴史と一致する。

糖質の重要性

　栄養素の中でも最大の摂取量となる糖質のはたらきは主にエネルギー源となることであり，総摂取エネルギーの 50 〜 60％を占めるが，特に日本人の食習慣では糖質への依存度は高い。生活の中で疲れを感じたり，空腹時に甘いもの（糖質）をとりたくなるのは，脂質やタンパク質と比べてエネルギーに転換されやすい性質が理由であるとも考えられている。摂取された糖質は原則的にグルコースへ変換され，様々な経路や代謝産物として利用される。グルコースは，解糖系→クエン酸回路→電子伝達系と代謝され，細胞の活動に必須な ATP 合成に利用される他，高分子化され，貯蔵型であるグリコーゲンとなる。解糖系

が生物のエネルギー代謝の共通する機構，つまり原核生物や単細胞生物，植物から動物まで広く存在するエネルギー産生経路であることからも，生物におけるグルコース利用の重要性は容易に想像できる。また高等動物においては，グルコースは水溶性が高く，血液中で運搬しやすい物理的性質をもつ。そして脳や赤血球などはグルコースを絶対的な栄養源としている組織や細胞であり，それら細胞の生体内での重要な役割を考えれば，血液中のグルコース濃度の枯渇は，まさに生命の死を意味するに等しい。一方で，生体内でのエネルギーの余剰時には，グルコースを用いて高分子型であるグリコーゲンを合成することで，肝臓や筋肉においてエネルギーとして貯蔵することが可能である。しかし，ヒトの肝臓でのグリコーゲンの貯蔵量は最大で $50-60\,g$ とされており，血液中のグルコース濃度の維持に積極的に利用されるものの，糖質の量としてはご飯1膳分であることから，生体内での1日必要量の半分にも達しない。また筋肉内のグリコーゲンも貯蔵型の糖質ではあるが，主に運動時のエネルギーとして消費され，動物が外敵に出会ったときに走って逃げるといった緊急時のエネルギー源として役に立つと考えられるものであり，血液中のグルコース濃度の低下に対応して，筋肉のグリコーゲンの分解→血液中へのグルコースの放出とはならない，全身にとっては少々使い勝手の悪い糖質といえる。いずれにしても，血液中のグルコース濃度は生体内のエネルギー状態，すなわち代謝のバロメーターとして捉えることができる。

■栄養の代謝調節とホルモン

　一般に代謝（metabolism）とは，生命維持のために食事で取り入れた栄養の一連の化学反応全般を指すが，代謝は異化（catabolism）と同化（anabolism）の2つに大別される。異化とは物質を分解することによってエネルギーを獲得し，利用する過程であり，同化とはエネルギーを使って物質を高分子化する過程であり，たとえば多糖であるグリコーゲン・中性脂質・タンパク質の合成が含まれる。代謝のバランスは綿密に調節されるべきものであるが，異化と同化のバランスが常に保たれているわけではない。食事後の高エネルギー状態では同化にシフトし，食後から長時間経過した空腹時（絶食）の低エネルギー状態では異化にシフトすることで，1日のトータルとして代謝のバランスが保たれていると考えることが重要である。それでは，その代謝のシフトは何によって調節されているのであろうか？　上述のように，異化の時間帯とは，栄養を分

解することによってエネルギーを獲得する時間帯であり，同化の時間帯での高エネルギー状態では，エネルギーを使って物質を高分子化し，グリコーゲンや中性脂質などのようなエネルギー貯蔵物質を合成する。この作業は食事のサイクルに従って，体の中の様々な組織において並行して行われているが，その司令塔となるものが血液に流れているホルモンである。インスリンは血液中グルコースの濃度の上昇を知らせるために膵臓のランゲルハンス島 β 細胞で産生され，血液中のグルコースの肝臓，脂肪細胞，および骨格筋細胞への取り込みを促し，グリコーゲン，タンパク質，中性脂肪の合成などの同化を促進する。一方でグルカゴンは，インスリンとは逆に血液のグルコース濃度の低下を感知して膵臓のランゲルハンス島 α 細胞より分泌され，肝臓にはたらきかけることでグリコーゲンの分解によるグルコースの産生，アミノ酸などからのグルコースの生成（糖新生）を促進することで，血液中グルコース濃度の上昇を促進する。これらは，血液中のグルコース濃度を感知して膵臓より放出されたホルモンが全身の糖質，タンパク質，脂質代謝を調節することを意味するものであり，血液中のグルコース濃度が代謝のバランスにおいていかに重要であるかを示すものである。一方で，食事中に栄養の摂取によって高エネルギー状態に近づいた際に，エネルギー状態がそれ以上に高くならないようにはたらきかける生体の反応として一番効果的なものは，食事を終えることである。食事によって，満腹感を得るとともに，食前に高まっていた空腹感を失う。この食欲の低下においても血液中のグルコース濃度，および血液中のグルコースの濃度の上昇によって血液中に分泌されたインスリンが，食欲の調節を担う脳の視床下部へと作用することがメカニズムの一部である。すなわち，食行動を調節する点においても，糖質は大きな生理的な役割を示すのである。

■糖質と他栄養素の連携

栄養の代謝は，それぞれが連携することによってバランスが保たれている。食後などの同化のステージでは，血液中のグルコースはエネルギーの貯蔵へ利用される。特に脂肪細胞においては，余剰のグルコースは細胞質での解糖系によってピルビン酸へと分解され，ミトコンドリアに運び込まれてアセチル CoA に変換され，クエン酸として細胞質に戻された後，脂肪酸合成の材料となる。脂肪細胞を試験管内で培養している際に，中性脂肪からなる脂肪滴が脂肪細胞内に大量に形成されるが，培養液中の脂肪は少量であり，高濃度のグル

コースが脂肪の材料となっている。また解糖系の中間産物であるジヒドロキシアセトンリン酸は中性脂肪の合成材料であるグリセロール3リン酸へ変換されるなど，解糖系と脂肪合成は密接に連携している。一方，絶食中などの異化のステージにおいては血液中のグルコース濃度の低下を防がなくてはならないが，肝臓でのグリコーゲンの分解によるグルコースの産生では不足の際には，筋肉のグリコーゲンもグルコースの生成に利用される。しかし，筋肉のグリコーゲンの分解により得られたグルコース6リン酸を脱リン酸化することはできず，一旦解糖系によってピルビン酸へと分解され，ピルビン酸はアラニントランスアミナーゼによってグルタミン酸からアミノ基を転移されてアラニンとなり，血液中へ放出される。肝臓へ取り込まれたアラニンはアラニントランスアミナーゼによって再びピルビン酸へと変換される。ピルビン酸は糖新生によってグルコースの合成に利用され，血液中のグルコース濃度の維持に重要な役割を果たす。このグルコースとアラニンの両物質の血液を介した循環をグルコース－アラニン回路と呼び，低エネルギー状態での血液中のグルコース濃度の調節機構として大きく貢献する。

（矢中規之）

4.2　食品のおいしさ（二次機能）

　食品の二次機能とは，食品のおいしさを指す。官能的側面とも呼ばれる。おいしい食品に接すると食が進み，精神的にも喜びを感じ心が和む。豊かさを感じ高揚感・幸福感をもたらす。一方，食品がおいしくない（まずい）と，満足感が得られず，食欲が減退し精神的にも満たされず時には落ち込むことさえある。このように食品のおいしさとは，人が正常に活動するうえで重要なはたらきをなしている。

　図4.2.1は，食品のおいしさを脳が判定する要素（材料）について示したものである。食品のおいしさは，単に食品そのものの味やにおいの成分だけでなく，その場の雰囲気，味わう人の生理状態や心理状態に大きく影響される。また，食品のおいしさは，味わう個人の知識や経験によっても大きく異なる。したがって，食品のおいしさを客観的に把握することは極めてむずかしく，食品科学・心理学・生理学・医学・人文科学など多岐にわたる学問分野の知見が必要となる，「総合科学」である[1]。本稿では，図4.2.1中の食べ物の特性について取り上げる。

■食べ物の化学的特性1（味覚）[2]

　図4.2.1のように，食べ物の特性を化学的特性と物理的特性に分ける。化学

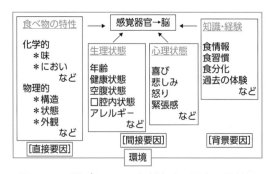

図4.2.1　脳がおいしさを判定する要素の関係図

表 4.2.1　基本味と基本味が意味するサイン

基　本　味	基本味が意味するサイン	具　体　例
甘味	糖類	砂糖・米
塩味	ミネラル	食塩
酸味	腐敗物	酢・ヨーグルト
苦味	毒物	キニーネ
うま味	タンパク質	牛肉・豚肉

的特性とは，特定の化学物質（味物質）が関与する知覚を指し，舌で感じる味覚を意味する。舌に多数存在する味蕾細胞の先端部位（受容体：レセプター）が味物質と結合すると，直接電気信号に変換したり，新たに二次的な情報伝達物質を介して，最終的には電気信号に変換後，神経を通して脳に情報が伝達され，味覚が脳に感知される。この際，味蕾細胞が感知する基本味，基本味が意味するサインおよび基本味を呈する食品例について表 4.2.1 にまとめてある。表 4.2.1 によれば，味覚は人間が生きていくうえで重要な役割を担っていると考えられる。たとえば，苦味は毒物を，酸味は腐敗物を表すサインであり，これらを食べると腹を壊したり，食中毒になったり，時には生命の危険さえ生じる可能性が高いことを示し，まとめると人体に有害であることを示す。一方，甘味は糖類を表すサインであり，糖を摂取することは体や脳にとってエネルギー源を補給することになり有益であることを示す。塩味とうま味についても，表 4.2.1 の通り，それぞれ，ミネラルおよびタンパク質を表すサインであり，どちらも人体にとって重要なものである。

　最近，脂肪味がアメリカのグループにより実証されたと報告され，その後日本の研究グループにより脂肪酸の味を独立して脳に伝える神経が見つかり，脂肪味の存在が現実味を帯び，脂肪味が第 6 の基本味ではないかとして注目を集めている。第 6 の基本味として広く認知される可能性はあるが，現状ではあくまでも可能性として紹介することに留める。

■食べ物の化学的特性 2 （嗅覚）[3]

　におい（香り）は，食品中のにおい物質が鼻腔（鼻の穴の内側にある大きな空間）の奥にある嗅細胞につかまり，電気信号が神経を通って脳に達することで感知される。鼻が詰まったり風邪を引いたりしたときに食事がおいしく感じなくなるのは，鼻が詰まってにおい物質が嗅細胞に到達しにくくなったり，風邪のために嗅覚の機能が低下するために食品のにおいを感じにくくなるため

194

（鼻が利かなくなるため）である。においを感じる仕組みは，味覚と同様ににおい物質とその受容体からなる化学受容（化学物質が来たことを感覚細胞が刺激として受け取り，その刺激を電気信号で脳に伝える仕組み）によることが知られている。しかし，味覚よりにおい物質の受容体の数の方が，けた違いに多く数百種類存在すると考えられており，さらに嗅覚受容体は，ある特定のにおい分子だけでなく，構造的に類似した複数のにおい分子を認識できる。以上のように，味覚と異なり嗅覚は極めて複雑で，現在も解明が進んでいる最中である。

■食べ物の物理的特性1（テクスチャー）

　テクスチャーとは，本来，「質感」「手触り」「風合い」などを指すが，食品に用いた場合は，歯応えや舌触りなど，「食感」を指す用語として用いられている。テクスチャーは，カリカリ・コリコリ・パリパリ・サクサク・パサパサ・ツルツル・もちもちなどのような「オノマトペ」（擬態語）を用いて表現されることが多く[4]，「パリパリとしたポテトチップス」や「シャキシャキとしたキャベツ」などは，一般に歯応えがあり，おいしく感じるように聞こえる。一方，「パサパサしたケーキ」「ふにゃふにゃしたポテトチップス」では，おいしそうには聞こえず，実際食べるとおいしさは感じられない（もちろん個人差はあるが）。このように，テクスチャーは，おいしさと密接に関係している。もう少し科学的に，テクスチャーがおいしさと密接に関係するという説明のために，ここでは例としてチョコレートを取り上げる[5]。

　チョコレート独特のとろけ感や板チョコのパチンと割れるスナップ性などはテクスチャーと関わりがある。つまりチョコレートのおいしさには，独特の風味（味と香り）だけではなく，とろけ感やスナップ性などのテクスチャーも大きく関係している。テクスチャーは，一般に粘弾性測定や下記に示す固体脂含量（Solid Fat Content：SFC，固体脂の含まれる割合）などにより数値化されているが，これらですべてが表現できるわけではなく扱う食品によりすべて異なる。チョコレートのテクスチャーの場合，その原料油脂であるココアバター（カカオ脂）の物理化学的性質がチョコレートのテクスチャーを支配している。図4.2.2は，SFC（solid fat content）曲線と呼ばれ，ココアバターの固体（結晶）成分の割合が温度とともにどのように変化していくのかを示したグラフである。食品油脂の代表としてバターとオリーブ油も同時に示してある。オリーブ

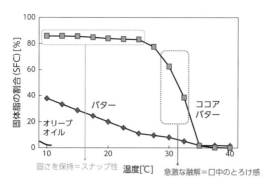

図 4.2.2　油脂の固体脂含量（SFC）曲線

油はもちろんのこと，固体に見えるバターも室温付近（約20℃）では，固体の割合は20％しかなく，残りの80％は液体であることを示している。そして温度が上がるにつれて固体の割合は減り，約40℃で固体の割合は0％，すなわち完全に液体となることを示している。図4.2.2によれば，ココアバターの場合は，オリーブ油やバターとは融け方が異なる。25℃までは固体の割合は80％以上を保ち，25℃を超えると徐々に固体の割合が減り始める。30℃を超えると急激に固体の割合が下がり，約33℃でほとんど融けてしまう。図4.2.2に示されるココアバターの融け方が，チョコレートにも直接影響し，このために室温付近（約20℃）で硬さを保持し（したがってパチンと割れるスナップ性を保持），さらに30℃までは，なお半分以上が固体である。30℃を超えると，すなわち口に入れると，温度が上がるにつれて，急速に硬さが減少し，これが独特のとろけ感を呈することになる。と同時にそれまで結晶状態に閉じ込められていた苦味成分や独特の香り成分が一挙に口中に放出され，また砂糖も唾液に溶けてチョコレートの風味（甘さと苦さ，それににおい）を感じることになる。このように，図4.2.2に示すような，他の油にみられない，ココアバターの独特の融解特性がテクスチャー，ひいてはおいしさにとって重要である。

（上野聡）

参考図書・文献

1）栗原堅三：『うま味って何だろう』，pp. 2-20，岩波書店（2012）
2）栗原堅三：『シリーズ．ニューバイオフィジックス6　生物のスーパーセンサー』（津田基之 編），pp. 31-43，共立出版（1997）

3）東原和成：日本耳鼻咽喉科学会会報，**118**，1072-1075（2015）

4）松本幸雄：『食品の物性とは何か』，pp. 25-30，弘学出版（1991）

5）上野聡：『チョコレートはなぜ美味しいのか』，pp. 40-44，集英社（2016）

4.3　食べ物による病気の予防

■食生活と健康

　日本には，古くから「医食同源」の思想が知られ，日頃からバランスの取れたおいしい食事をとることで病気を予防するという考えが伝えられている。しかし近年，食が豊かになる一方で，食生活の乱れが原因となる慢性疾患が社会問題となっている。最近の死亡原因を見てみると，1位は悪性新生物（がん），2位は心疾患，3位は老衰，4位は脳血管疾患である（令和元年人口動態統計月報年計（概数）の概況）。老衰を除いて，これら疾患は動脈硬化，高血圧，

表 4.3.1　食生活の乱れ・偏りが関連する疾病

エネルギー量，栄養素，食品の摂取量が多すぎる	エネルギー量，栄養素，食品の摂取量が少なすぎる
肥満：エネルギー量，脂肪，糖質，アルコール 糖尿病：エネルギー量，脂肪，糖質，アルコール 高脂血症：エネルギー量，脂肪，糖質，アルコール 高血圧：食塩 肝機能障害：アルコール	るいそう：エネルギー量 壊血病：ビタミン C 夜盲症：ビタミン A 脚気：ビタミン B_1 口角炎，口内炎：ビタミン B_2 貧血：鉄，ビタミン B_{12} 便秘：食物繊維 骨粗鬆症：カルシウム，ビタミン D

表 4.3.2　食生活指針

1. 食事を楽しみましょう。
2. 1日の食事のリズムから，健やかな生活リズムを。
3. 適度な運動とバランスのよい食事で，適正体重の維持を。
4. 主食，主菜，副菜を基本に，食事のバランスを。
5. ごはんなどの穀類をしっかりと。
6. 野菜・果物，牛乳・乳製品，豆類，魚なども組み合わせて。
7. 食塩は控えめに，脂肪は質と量を考えて。
8. 日本の食文化や地域の産物を活かし，郷土の味の継承を。
9. 食料資源を大切に，無駄や廃棄の少ない食生活を。
10. 「食」に関する理解を深め，食生活を見直してみましょう。

糖尿病などとともに「生活習慣病」と総称されるものであり，いずれも日常の食生活が密接に関係している。表4.3.1に，食生活の乱れ・偏りが原因となって起こる病気の例を示した。表からわかるように，エネルギー，脂肪，糖質，アルコールの過剰摂取は，肥満，糖尿病，高脂血症のリスクを高める。また，日本人に不足しがちなカルシウムや鉄の摂取不足は，骨粗鬆症に代表される骨疾患，貧血を引き起こす。食生活の問題点は時代によって変化するため，厚生労働省は，食生活を通して国民の健康を保持・増進する目的として，その時代に合わせた「食生活指針」を策定している。平成28年に改定された「食生活指針」の骨子を表4.3.2に示したので，食生活の参考にしてもらいたい。

■食品成分の生体調節機能

　食品には，栄養機能（一次機能）と感覚機能（二次機能）の他に，私たちの生体機能を調節して健康を維持・増進する生体調節機能（三次機能）がある。つまり，食品の生体調節機能とは，食品がヒトの生体内における分泌系，神経系，循環系，消化系，免疫系などの生体機能を調整して，健康を維持・増進し，疾病からの回復を手助けするものである。近年，生活習慣病罹患者の増加などに伴い，非常に注目されている機能である。表4.3.3に，食品成分の生体調節機能の例を示した。

　食物繊維は，小腸での糖質，中性脂質，コレステロールの吸収を緩慢にし，糖尿病，高脂血症，高コレステロール血症を予防する作用がある。また，食物

表4.3.3　食品成分の生体調節機能

食品成分	生体調節機能	分布あるいは由来
食物繊維	糖質，中性脂質，コレステロール吸収抑制作用 整腸作用	穀類，いも類，豆類，野菜，海草，きのこ
オリゴ糖	整腸作用 カルシウム吸収促進作用	穀類，乳
ペプチド	血圧上昇抑制作用 カルシウム吸収促進作用 神経鎮静作用	乳，食肉，魚
多価不飽和脂肪酸	血中コレステロール低下作用 血小板凝集阻害作用	魚
ポリフェノール	抗酸化作用 糖質，中性脂質吸収阻害作用	野菜，果実，お茶

繊維には大腸では便通を整えるはたらき（整腸作用）や大腸癌の発生リスクを下げるはたらきもある。

　食品タンパク質の酵素分解によって産生される，ペプチドにも多様な生理活性が知られており，牛乳タンパク質のカゼインに由来するカゼインホスホペプチドには，小腸でカルシウムの吸収を高め，骨粗鬆症を予防する作用がある。同様に，カゼイン由来のペプチドの中には，血圧を下げるはたらきもあり，高血圧の予防や軽減に役立つ。

　多価不飽和脂肪酸（二重結合を複数もつ不飽和脂肪酸）であるエイコサペンタエン酸（EPA）やドコサヘキサエン酸（DHA）には，血中コレステロール低下作用や血小板凝集阻害作用があり，動脈硬化，高血圧，血栓症の予防に役立つ。

　植物界に広く分布するポリフェノールには，抗酸化作用が知られ，老化やがんの予防に効果的である。また，ポリフェノールには糖や脂質の消化酵素を阻害する作用もあり，糖尿病，高脂血症の予防や軽減にも役立つ。

■保健機能食品制度

　様々な食品成分や栄養素の生体調節機能や生理作用が見出されるなか，その科学的根拠の曖昧さや効能の信頼性がしばしば問題となる。そのような混乱を回避するため，また消費者に正確な情報を提供して消費者が安心して食品を選択できるようにするため，「保健機能食品制度」が定められている。この制度では，一定の条件を満たした食品を「保健機能食品」と称して販売することを認めるもので，これには「特定保健用食品（トクホ）」，「機能性表示食品」，「栄養機能食品」の3つの分類がある（図4.3.1）。食品は治療を目的とした医薬品や医薬部外品とは異なるので，原則として体の機能や構造に影響する表示をすることは認められていない。しかし，これら3つの「保健機能食品」は国が定

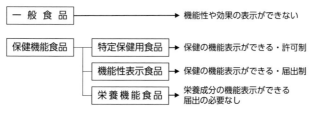

図 4.3.1　保健機能食品の分類と位置づけ

めた安全性や有効性に関する基準などに従って食品（あるいは含有成分や栄養素）の機能を表示することが認められている。「特定保健用食品」と「機能性表示食品」は，ともに保健効果あるいは機能性を表示することが許可された食品であるが，販売が認められるまでのプロセスが異なる。「特定保健用食品」は，製品ごとに保健効果や安全性などについて，国による審査を受け，その表示について消費者庁長官の許可を受けた食品である（許可制）。一方で，「機能性表示食品」は事業者（製造・販売する企業や団体）の責任において，科学的根拠に基づいて，その機能性を表示する食品である。事業者は，表示したい機能性や安全性などの情報を消費者庁長官に届出する必要があるが，「特定保健用食品」とは異なり，国による審査はない（届出制）。また，「栄養機能食品」は栄養成分（ビタミン，ミネラルなど）の補給・補完のために利用できる食品であり，国が定めた基準値量の栄養成分を含んでいる食品であれば，届出をしなくても国の定めた表現で機能性を表示することができる。この基準値には上・下限値が設けられ，1日あたりの摂取目安量に含まれる当該栄養成分量がその範囲内になければならない。

　普段からバランスの良い食生活を心がけ，健康を保つことが基本である。しかし，食事が不規則になったり，食事が偏ったとき，体の調子を整えたり，不足している栄養素を補うことを目的として，「保健機能食品」を利用するのは，健康の維持や生活習慣病の予防に有効な手段といえる。

（鈴木卓弥）

参考図書・文献

1）森田英利，田辺創一 編：『わかりやすい食品機能学』，三共出版（2014）

4.4 微生物を利用した食品

■微生物との関わり

　ヒトを含めた動物および植物は，細菌やウイルスなどの微生物と深く関わりをもって生存している。微生物のあるものはヒトの体内に侵入すると病気を起こし，これを感染症という。しかし，病気の原因となる微生物はごく一部であり，大部分の微生物はヒトに無害であり，逆に有益なものも存在する。発酵乳やチーズ製造に用いられる乳酸菌がその例の1つである。乳酸菌とヒトとの関わりは古く，1857年に L. Pasteur に発見されるよりも前に発酵乳を製造するために広く用いられていたという。また，表4.4.1 に示したように食品における有用微生物の例として，乳酸菌の他にもビフィズス菌，納豆菌，酢酸菌，パン・ビール酵母などが挙げられ，これらの微生物は食品の加工，調味，貯蔵に利用される。さらに，近年ではこれらの微生物や発酵食品がヒトの健康に及ぼす効果も注目を集めている。その一部が特定保健用食品や機能性表示食品のような機能性食品として利用され，私たちの健康を維持，増進する支えとなっている。

■乳酸菌とビフィズス菌の生体調節機能

　乳酸菌やビフィズス菌は発見されて以来，100年余りしか経っていないにも関わらず，その知見の蓄積は膨大なものになっている。特に予防医学の観点から，乳酸菌やビフィズス菌の生理機能を科学的に解明し，ヒトや家畜における疾病を予防する機能性食品素材としての利用を目指す試みが多く報告されてい

表 4.4.1　食品における有用微生物（例）

微生物	食品
乳酸菌	発酵乳（ヨーグルト），チーズ，漬物，味噌
ビフィズス菌	発酵乳
納豆菌	納豆
酢酸菌	食酢
酵母	パン，ビール，ワイン，醤油，味噌

表 4.4.2　乳酸菌やビフィズス菌による生体調節機能

整腸作用（便通改善）
感染防御作用
アレルギーの予防・軽減
炎症性腸疾患の軽減
抗腫瘍作用
血圧上昇抑制作用

る。これまでに認められている乳酸菌やビフィズス菌の生体調節機能の例を表 4.4.2 に示した。

　乳酸菌やビフィズス菌を含む発酵乳のもつ便通促進効果は，科学的にも証明されている。また，感染症の予防，アレルギーの予防・軽減，炎症性腸疾患の軽減，抗腫瘍作用など免疫系の制御による保健効果も認められている。さらに，血圧上昇抑制作用といった循環器系への有効性もある。

■プロバイオティクス・プレバイオティクス・シンバイオティクス

　発酵食品や腸管に由来する各種微生物の中で，ヒトや動物の健康に役立つものは「プロバイオティクス（probiotics）」と呼ばれる。この概念は 1994 年，R. Fuller によって「宿主の腸内フローラのバランスを改善することにより，宿主に良い効果をもたらす生きた微生物を含む食品添加物」と定義された。この言葉は，抗生物質が病原菌・有害菌を直接殺すのに（anti）対し，マイルドな作用で有用菌が有害菌を抑えることを（pro=for）イメージして名付けられた。また，「共生」を意味する「プロバイオシス」も語源の由来である。

　オリゴ糖（食物繊維）や難消化性デンプンなど，ヒトや動物の消化酵素による分解・吸収を受けずに大腸に到達し，ビフィズス菌などの有用菌に利用され，その増殖を助ける食品成分は，「プレバイオティクス（prebiotics）」と呼ばれる。この概念は，1995 年，G. R. Gibson により「結腸内の有用菌を増殖させるか有害菌の増殖を抑制することで宿主の健康に有益な作用をもたらす難消化性食品成分」と定義されている。

　さらに，G. R. Gibson は，プロバイオティクスとプレバイオティクスをミックスし同時に摂取することを「シンバイオティクス（synbiotics）」と称している。これは，生きた有用菌とその栄養源を同時に摂取することで，腸内環境がより効果的に整い，健康増進に役立つという考えである。

表 4.4.3 乳酸菌が産生する主な代謝産物と生理機能

代謝産物	生理機能
乳酸	有害微生物の抑制, 便通改善
酢酸	殺菌作用, 有害微生物の抑制
バクテリオシン	抗菌作用
ラクトトリペプチド	血圧降下作用
γ-アミノ酪酸	血圧降下・ストレス軽減

■プロバイオティクスの保健効果の作用機序

機能性物質―代謝産物　乳酸菌は生育時に多様な代謝産物を産生するが, その中に機能性を有する有用物質が含まれている。代表的な成分とその生理機能を表 4.4.3 に示した。乳酸菌は通常, 消費した糖質から 50%以上の割合で乳酸を産生する細菌と定義される。乳酸には, ①胃液の分泌を促進し, 消化管の蠕動運動を促進する, ②有害微生物の侵入・生育を抑制するなどの効果がある。その他, ③乳タンパク質を微細にし, 消化酵素の作用を受けやすくする, ④カルシウム, リン, 鉄の利用性を高める利点もある。プロバイオティクス生菌を摂取した場合, これらの効果を通して, 便通改善などが期待できる。また, 一部の乳酸菌は血圧降下やストレス軽減作用を示す γ-アミノ酪酸 (GABA) も産生することが確認されている。

機能性物質―菌体成分　乳酸菌の免疫調節機能は, 上述した代謝産物を産生する生菌を摂取した場合のみで発揮されるだけではなく, 死菌として摂取した場合でも発揮される。これは, 乳酸菌を形成する表層成分や細胞壁成分, 菌体内の特定の DNA 断片 (CpG-DNA) などが免疫細胞や腸管上皮細胞を刺激し, 免疫応答反応を誘導するためである。このような免疫調節作用を発揮する菌体内外の成分をイムノバイオティクス (図 4.4.1) という。菌体成分のうち, 細胞壁のリポテイコ酸やペプチドグリカンなどは, 宿主側の Toll 様受容体 (Toll-like receptor：TLR) 2 に認識され, 免疫調節シグナルを送ることにより, 免疫調節作用が発揮されると考えられている。また, 一部の乳酸菌が分泌する菌体外多糖 (EPS) は TLR4 に認識され, 免疫機能を活性化する。さらに近年では, TLR9 (鳥類では TLR21) に認識される CpG-DNA が数多くの乳酸菌やビフィズス菌で同定されており, 免疫を調節する次世代の機能性素材として注目されている。これらのイムノバイオティクスには, 感染防御作用, アレルギー

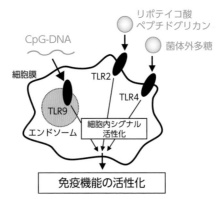

図 4.4.1　イムノバイオティクスによる免疫調節作用

の軽減効果，炎症性腸疾患の改善効果，抗腫瘍作用などが認められている。

■微生物を活用した健康づくり

　特定保健用食品として承認された発酵乳の多くは，「おなかの調子を整える」という機能が認められている。また，近年では，「強さ引き出す」や「目や鼻の不快感を緩和する」という機能性を表示した新たな発酵乳が開発され，普段の生活の中で私たちの健康を維持,増進する食品の選択肢は増えつつある。スーパーなどでこれらの商品を手に取り，健康づくりに是非役立てて欲しい。

（山本祥也）

参考図書・文献

1）今井康之,増澤俊幸 編:『微生物学 病原微生物の基礎 改訂第6版』,南江堂(2011)
2）Kitazawa H, Villena J, Alaniz-Alvarez S 編：Probiotics：Immunobiotics and Immunogenics, CRC Press（2013）
3）森田英利, 田辺創一 編：『わかりやすい食品機能学』, 三共出版（2014）
4）日本乳酸菌学会 編：『乳酸菌とビフィズス菌のサイエンス』, 京都大学学術出版会（2010）
5）江坂宗春 監修：『生命・食・環境のサイエンス』, 共立出版（2011）

4.5　食資源の多様性と生物進化

■生物多様性と進化

　我々ヒトは実に多様な生物を食資源として利用している。すべての現生生物は，始原生物の誕生から現代にいたるまで，体の構造や機能，生活様式などを多様な環境に適応させ，進化を経て生き抜いてきた。いわば進化がその食材の味を決めてきたといえる。ここで馴染みのある食材を例に，生き物たちの多様で巧みな生存戦略の一端に触れ，「進化」と「おいしさ」の関係について考える。

■浸透圧調節機構の進化

　ある溶質濃度の濃い溶液と薄い溶液を半透膜（溶媒分子は通すが溶質分子を通さない膜）で接触させた際，薄い方から濃い方に溶媒が浸透する。この浸透の際の圧力，もしくはそれを抑えるのに必要な圧力を浸透圧という。半透膜である細胞膜で覆われた細胞を海水にさらすと，外液が内液よりも濃度が高いため，細胞外に水が流出する。一方，淡水では逆に細胞内に水が流入し，細胞壁のない動物細胞では極端な場合，細胞が破裂してしまう。つまり生物は生息環境における浸透圧にうまく適応しなければ生存できない。

　軟体類（ホタテ・タコなど）や甲殻類（エビ・カニなど）などの無脊椎動物は，浸透圧を調節するために体液中に遊離アミノ酸を多く含むよう進化した。たとえば，二枚貝体液中に含まれる代表的遊離アミノ酸として，タウリン，グルタミン酸，アスパラギン酸，アルギニン，グリシン，プロリン，アラニンなどがある。これらはいずれも味覚に関係するアミノ酸であり，無脊椎動物は味のある食材が多い。一般に，遊離アミノ酸量は淡水産よりも海水産で多い。

　無脊椎動物から，無顎類，軟骨魚類，そして硬骨魚類が発生した。無顎類は無脊椎動物と同様に遊離アミノ酸による浸透圧調節機構をもつが，進化にともない，軟骨魚類は代謝産物である尿素による調節機構，硬骨魚類は特別な細胞（塩類細胞）による調節機構を獲得した。食材としての軟骨魚類は，鮮度が落ちると尿素からアンモニアが生じ特有の癖が出てしまう一方，同時に腐敗を防ぐことから，冷蔵技術が進む以前の山間部における貴重な海の幸であった。現

在も栃木県や広島県の内陸部などでサメ料理が郷土食として楽しまれている。

■筋肉の進化

　硬骨魚の骨格筋は血合筋（遅筋／赤筋）と普通筋（速筋／白筋）からなる（図4.5.1）。血合筋は体の側面の皮下にみられ（表層血合筋），それ以外の筋肉部が普通筋となる。瞬発的にすばやく収縮することができる普通筋は，無酸素（嫌気的な）運動によく使われ（短距離ランナータイプ），ミオグロビンという酸素貯蔵色素タンパク質が多く存在するため赤く見える血合筋は，持続的な有酸素（好気的な）運動で用いられる（マラソンランナータイプ）。たとえば，ヒラメは砂地に潜み，近づいた小魚などを捕食するための瞬発的な筋力が必要で速筋が発達している。マグロなどの回遊魚は持続的な運動が必要で遅筋が発達し，表層血合筋から脊椎骨にまで広がる深部血合筋を有する（図4.5.1）。ここでミオグロビンは，呼吸により消費された酸素を筋肉に渡すはたらきをする。高速遊泳が可能なマグロの仲間は普通筋にもミオグロビンを多く含み赤色を呈することから赤身魚と呼ばれ，対してタイやヒラメは白身魚と呼ばれる。ちなみに，身が橙色等を呈するサケ科魚類は白身魚に分類され，この身の色の由来はミオグロビンではなく，餌（エビ・カニ類）に含まれる色素成分であるアスタキサンチン（カロテノイドの一種。高い抗酸化能を有する）が生物濃縮により蓄積されているためである。ミオグロビンはヘモグロビンと同じヘムタンパク質の一種で，鉄を含むため，マグロは鉄臭がする。

　鳥類ではニワトリや七面鳥の胸の筋肉は白筋，腿（もも）の筋肉は赤筋であるが，渡り鳥では逆である。前者は陸上での歩行に，後者は長距離飛行に適応したためである。スーパーで売られているニワトリのささみ（胸肉の近接部位）が白っぽく，それに比べ，もも肉が赤く見えるのはこのためである。哺乳類では魚類や鳥類と異なり，赤筋と白筋が同じ筋肉上に混在し，ミオグロビンを多く含むため肉は赤身が強い。中でも，水中生活に適応したアザラシやクジラなどの海獣類は，長時間の潜水に備え，多量の酸素を蓄積できるよう，陸生の哺乳類より筋肉中のミオグロビン含量が高く，赤身が強い。このように，種や部位によって筋肉の繊維や構成成分が異なり，これにより食材としての食味が異なるのは，適応進化により獲得した生活様式の違いを反映しているのである。

　ちなみに，蒲鉾は白身魚の普通筋を塩摺り後に蒸して作られ，「アシ（足）」と呼ばれる歯切れのいい弾力が特徴である。アシは普通筋中の塩溶性のアクト

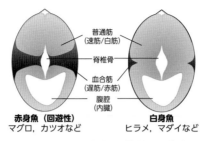

図 4.5.1　硬骨魚類の横断面と筋肉

ミオシンが塩摺りにより溶け出し，加熱により絡み合うことで形成される。タンパク質分解酵素がアシの形成を妨げることから，同酵素を多く含む血合筋（赤筋）が普通筋（白筋）と明確に分かれる魚肉でなければ高品質の蒲鉾は作れない。つまり赤身魚の蒲鉾はアシが弱く，そもそも哺乳類の肉は不適である。

■悪環境への適応進化

　アサリなどの二枚貝は悪環境下では貝殻を閉じ，環境の好転を待つが，その間，酸素を取り込めない。このような状況で長時間の生存を可能とするためには，老廃物の蓄積を避け，できるだけ効率よくエネルギーを産生しなくてはならない。そこで，低酸素下でグリコーゲンをエネルギー源とした特殊な嫌気代謝（フマル酸呼吸）を行い，その最終生成物であるコハク酸が蓄積される。コハク酸は日本酒のうま味成分としても知られ，無脊椎動物である二枚貝の独特な食味は，前述の浸透圧調節のための遊離アミノ酸蓄積に加え，悪環境への適応機構によっても形成されている。

　このように，現存する多様な生物たちは，各々が特別な戦略をとって生き延び，ヒトはそれらをしたたかに利用してきた。ここで挙げた例はほんの一部にすぎない。普段口にする食材が，どのような環境下でどのように生き残ってきたのか，壮大な物語に思いを馳せ，新たな「おいしさ」を発見してほしい。

（平山真）

参考図書・文献

1 ）阿部宏喜：『カツオ・マグロのひみつ—驚異の遊泳能力を探る』，恒星社厚生閣（2009）

4.6　食の安全と食中毒

■食中毒の原因物質

　食中毒とは飲食を原因とする健康障害のことであり，通常は比較的急性のものを指す。日本のように衛生環境が整備されている先進国においても食中毒はなかなか減少することがなく，大規模な食中毒事例が相次いで発生している。食中毒の原因物質は様々であり，主なものとして，①微生物によるもの，②自然毒によるもの，③化学物質によるもの，などがある（表4.6.1）。微生物を原因とする食中毒には細菌性のものとウイルス性のものがあり，寄生虫の一部（原虫）も微生物に含まれる。細菌性のものは原因菌が腸管内で増殖して食中毒を引き起こす感染型と食品中で増殖して産生された毒素によって食中毒となる毒素型に分けられる。毒素型は原因菌が死滅していても食中毒を起こすことがあるので，注意が必要である。寄生虫食中毒には原虫によるものも含まれる。自然毒によるものは，フグ毒や貝毒などの動物性のものとキノコ毒などの植物性

表 4.6.1　食中毒の分類

1．細菌性食中毒		
（1）感染型	…	サルモネラ，病原大腸菌（腸管出血性大腸菌，など），カンピロバクター，ウエルシュ菌，腸炎ビブリオ，など
（2）毒素型	…	黄色ブドウ球菌，ボツリヌス菌，セレウス菌（嘔吐型），など
2．ウイルス性食中毒	…	ノロウイルス，A・E型肝炎ウイルス，など
3．寄生虫食中毒	…	アニサキス，クドア，クリプトスポリジウム，など
4．自然毒食中毒		
（1）動物性	…	フグ毒，貝毒（麻痺性貝毒，下痢性貝毒），など
（2）植物性	…	キノコ毒，ジャガイモ芽毒，青梅，カビ毒，など
5．化学性食中毒	…	ヒスタミン，有害金属（ヒ素，銅，など），農薬，など
6．その他		

　　感染型細菌性食中毒は，食品と一緒に摂取された細菌がヒト腸管内で増殖して引き起こされる。一方，毒素型細菌性食中毒は，細菌が産生した毒素を食品とともに摂取することによって起こるため，生菌が存在していなくても食中毒が起こる。寄生虫食中毒には原虫によるものも含まれる。

のものがある。化学物質によるものは，ヒスタミンによるアレルギー性食中毒や銅やヒ素などの有害金属によるものなどがある。

■食中毒の発生動向

　食中毒の原因物質は，食品衛生法施行規則（様式第14号）において27種類が挙げられている。年間の事件数には大きな変化は認められないが，患者数には若干の減少傾向が認められる（表4.6.2）。事件数，患者数ともに微生物によるもの（寄生虫を含む）が全体の9割以上を占めている（表4.6.2）。事件数では以前はノロウイルスとカンピロバクターが常に1位を争っていたが，近年ではアニサキスを原因とするものが増加している。患者数ではノロウイルスが長年1位を占めている。また，食中毒には季節ごとの特徴があり，細菌性食中毒

表 4.6.2　原因物質別食中毒発生動向（2015～2019年）

		事件数（件）					患者数（人）				
年		2015年	2016年	2017年	2018年	2019年	2015年	2016年	2017年	2018年	2019年
総数		1,202	1,139	1,014	1,330	1,061	22,718	20,252	16,464	17,282	13,018
細菌（総数）		431	480	449	467	385	6,029	7,483	6,621	6,633	4,739
	サルモネラ属菌	24	31	35	18	21	1,918	704	1,183	640	476
	ブドウ球菌	33	36	22	26	23	619	698	336	405	393
	ボツリヌス菌	0	0	1	0	0	0	0	1	0	0
	腸炎ビブリオ	3	12	7	22	0	224	240	97	222	0
	病原大腸菌	23	20	28	40	27	518	821	1,214	860	538
	腸管出血性大腸菌	17	14	17	32	20	156	252	168	456	165
	その他の病原大腸菌	6	6	11	8	7	362	569	1,046	404	373
	ウエルシュ菌	21	31	27	32	22	551	1,411	1,220	2,319	1,166
	セレウス菌	6	9	5	8	6	95	125	38	86	229
	エルシニア・エンテロコリチカ	0	1	1	1	0	0	72	7	7	0
	カンピロバクター・ジェジュニ/コリ	318	339	320	319	286	2,089	3,272	2,315	1,995	1,937
	ナグビブリオ	0	0	0	0	0	0	0	0	0	0
	コレラ菌	0	0	0	0	0	0	0	0	0	0
	赤痢菌	0	0	0	1	0	0	0	0	99	0
	チフス菌	0	0	0	0	0	0	0	0	0	0
	パラチフスA菌	0	0	0	0	0	0	0	0	0	0
	その他細菌	3	1	3	0	0	15	140	210	0	0
ウイルス（総数）		485	356	221	265	218	15,127	11,426	8,555	8,876	7,031
	ノロウイルス	481	354	214	256	212	14,876	11,397	8,496	8,475	6,889
	その他のウイルス	4	2	7	9	6	251	29	59	401	142
寄生虫（総数）		144	147	242	487	347	302	406	368	647	534
	クドア	17	22	12	14	17	169	259	126	155	188
	サルコシスティス	0	0	0	1	0	0	0	0	8	0
	アニサキス	127	124	230	468	328	133	126	242	478	336
	その他の寄生虫	0	1	0	4	2	0	21	0	6	10
化学物質		14	17	9	23	9	410	297	76	361	229
自然毒（総数）		96	109	60	61	81	247	302	176	133	172
	植物性自然毒	58	77	34	36	53	178	229	134	99	134
	動物性自然毒	38	32	26	25	28	69	73	42	34	38
その他		1	3	4	3	4	2	16	69	15	37
不明		31	27	29	24	17	601	322	599	617	276

厚生労働省食中毒統計より引用し，編集した。

は気温が高くなる夏期に多く，ウイルス性食中毒は冬期に多い。

■食中毒の原因となる微生物

　食中毒の原因となる主な微生物などを表4.6.3にまとめた。病原大腸菌（下痢原性大腸菌）は発症機序などによって数種類に分類される。特に腸管出血性大腸菌はベロ毒素（志賀毒素）を産生し，重症化した場合は溶血性尿毒症症候群（HUS）や脳症を引き起こすため注意が必要である。カンピロバクターは家畜やペットなどの動物腸管内に保有されるため，生や半生の食肉が原因食品となる。サルモネラは家畜やペットの腸管に保有されており，特に鶏卵が原因食として問題になっている。黄色ブドウ球菌はヒトの皮膚や咽頭の常在細菌であり，傷の化膿の原因となる。耐熱性の毒素が食中毒の原因となる。ウエルシュ菌は土壌や動物の腸管に生息する嫌気性の芽胞形成菌である。煮込み料理などに入り込み，嫌気状態の環境で芽胞が発芽して増殖する。腸炎ビブリオは海洋性の好塩菌で，増殖が早いことが特徴である。生の海産魚介類が原因食となる。セレウス菌は土壌などに生息する芽胞形成菌である。毒素型食中毒である嘔吐型は潜伏期が短く，感染型食中毒である下痢型は潜伏期が長い。ノロウイルスはヒトの腸管でのみ増殖する小型（直径 $30 \sim 38$ nm）のウイルスである。ヒトの糞便とともに排出されたウイルスは河川や海水中で長期間生存し（特に冬

表 4.6.3　主な食中毒病原体の性質

原因病原体	分布	原因食品	特徴
腸管出血性大腸菌（O157など）	牛や豚など家畜の腸管内	食肉(生や半生のもの)	腹痛，血便，溶血性尿毒症症候群（HUS）少量の菌数で感染，ベロ毒素（志賀毒素）
カンピロバクター	鶏，牛，豚などの家畜やペットの腸管内	食肉(生や半生のもの)	下痢，腹痛，発熱，ギラン・バレー症候群 微好気性
サルモネラ属菌	鶏，牛，豚などの家畜やペットの腸管内，鶏卵	食肉(生や半生のもの)，卵	下痢，腹痛，発熱
黄色ブドウ球菌	ヒトの皮膚，咽頭，傷	おにぎり，乳製品	耐熱性毒素(エンテロトキシン)，短い潜伏期間 耐塩性
ウエルシュ菌	ヒトや動物の腸管，土壌	煮込み料理(カレーなど)	下痢，腹痛 嫌気性菌，芽胞形成
腸炎ビブリオ	海水，汽水，海産魚介類	海産魚介類	下痢，腹痛，発熱 好塩性，増殖が早い
セレウス菌	土壌，河川	穀類，豆類など	嘔吐型と下痢型 芽胞形成
ノロウイルス	二枚貝，河川，海	二枚貝(牡蠣)，その他の一般食品，井戸水	下痢，腹痛，嘔吐 少量のウイルスで感染
アニサキス	海産魚介類	生の魚介類(サバ，アジ，イカなど)	腹痛，嘔吐，発熱，じんま疹 加熱や冷凍で死滅

期), 二枚貝の消化管の中に蓄積される。そのため, 生のカキが原因食になる他, 感染者の糞便などで汚染された食品が原因食となる。また, 食中毒以外のヒト―ヒト感染も多い。アニサキスは寄生虫の一種であり, 中間宿主である海洋性魚介類（サバ, イカなど）を生食すると感染する。比較的短時間の潜伏期の後, 激しい腹痛を引き起こす。加熱や冷凍に弱い。

■食中毒の予防法

　細菌やウイルスが原因の食中毒の場合, 食中毒予防の 3 原則が重要である。原因となる細菌やウイルスを食品に「付けない」（汚染防止）, 細菌を食品中で「増やさない」（低温保存）, 細菌やウイルスを「やっつける」（加熱処理）が基本原則となる。たとえば, 生の肉や魚を扱った調理器具から加熱せずに食べる野菜などへ菌やウイルスが付着しないようにすることが重要である。また, 多くの細菌が増殖しやすい高温多湿環境を避けて食品を低温で保存する必要がある。さらに, ほとんどの細菌やウイルスは加熱によって死滅するため, 食品の加熱は有効である。ただし, 芽胞や耐熱性毒素のように単純な加熱が無効な場合もあるので注意が必要である。

　国や地方自治体では食品衛生監視員が検疫所や保健所などで飲食物等の衛生に関する監視や指導を行っている。特定の食品等の製造加工を行う施設には食品衛生管理者を置くことが義務づけられており, 食品等に関する衛生管理が行われている。また, 原則としてすべての食品等事業者（食品の製造・加工, 調理, 販売等）に HACCP（Hazard Analysis and Critical Control Point：危害分析重要管理点方式）に沿った衛生管理が義務づけられており, 最終製品の安全性のみでなく, 途中工程の安全性確保が重視されている。

（島本整）

参考図書・文献

1 ）厚生労働省：食中毒統計資料, https://www.mhlw.go.jp/stf/seisakunitsuite/bunya/kenkou_iryou/shokuhin/syokuchu/04.html.
2 ）篠田純男, 成松鎭雄, 林泰資：『食品衛生学 第 3 版』, 三共出版（2013）
3 ）吉田勉 監修：『食物と栄養学基礎シリーズ 5　新食品衛生学』, 学文社（2014）
4 ）藤井建夫, 塩見一雄：『新・食品衛生学 第二版』, 恒星社厚生閣（2018）

4.7　食品の加工と保存

■はじめに

　食品の劣化（品質低下）は，腐敗を招く微生物の繁殖，栄養素，色，味に変化をもたらす化学反応，食感に影響を及ぼす物理変化などの進行によって起こる。食品の保存性を高めることは，供給の安定化，安全性の確保，廃棄の低減などにおいて，極めて重要である。食品の保存性は，温度，含水率，雰囲気などに強く支配される。たとえば，我々は冷凍食品や乾燥食品が保存性に優れることを経験的に理解している。これは温度や含水率の低下が食品の劣化速度を低下させるためである。また，缶詰めやレトルト食品などは常温で長期間保存できる。これは食品を保管する密閉容器内が無菌および脱気状態にあり，劣化要因となる微生物の繁殖や酸化を長期間抑えることができるためである。本節では，こうした食品の加工および保存技術について概説する。

■乾燥

　天日乾燥に始まり，現在では様々な加熱乾燥が利用されている。食品の含水率を低下させれば保存性は向上するが，過度な乾燥は構成成分の熱的損傷や製造コストの増加を招くだけでなく，逆に保存性を低下させることもある（酸化速度の増加など）。したがって，適切な含水率に設計することが求められる。含水率が劣化速度に及ぼす影響は，食品によって大きく異なる。これは，食品中には性質の異なる2種類の水，すなわち自由水（通常の水）と結合水（溶質成分と相互作用した水）が存在しており，食品の劣化に関与するのは主に自由水であることが原因とされる。食品の劣化速度を制御するには，自由水量と結合水量とを合わせた含水率ではなく，自由水量に着目する必要がある。このための指標として水分活性（water activity, a_w）が定義されている[1, 2]。

$$a_w = p / p_0$$

ここでpは食品の平衡水蒸気圧（Pa），p_0は同じ温度での純水の平衡水蒸気圧（Pa）である。これは，結合水の平衡水蒸気圧は自由水のそれよりも低いことに着目したものであり，a_wが低いほど，自由水量が少ないことを意味する。

図4.7.1に25℃における食品の様々な劣化速度とa_wとの関係を示す。この図は，食品の種類によらず，食品の劣化速度はa_wによって一律に整理できることを示している。このような概念の構築は宇宙食の開発が契機になったといわれている[2]。限定的な空間で長期間滞在するには乾燥食品の利用は欠かせない。しかし，水分の少ない食品ばかりを食べるわけにもいかない。そのため，できる限り水分が多く，保存性に優れた食品の開発が求められた。そのニーズに応えるための科学的根拠として，a_wに基づく食品開発が考案された。酵素活性およびカビ，酵母，細菌の生育速度はa_wとともに低下するが，脂質の自動酸化速度および非酵素的褐変反応速度はその限りではない。粉乳，ビスケット，ココアなど，長期保存可能な乾燥食品のa_wは0.2から0.4の間に設定されている。これは，各種劣化速度が最も低い値を示す範囲といえる。a_wが0.65から0.85の範囲にある食品（ジャム，佃煮，乾燥野菜，ケーキなど）は中間水分食品と呼ばれ，ウエット感，軟らかさ，保存性を兼ね備えたものと理解される。

　高品質な乾燥食品を製造するための手法として，真空凍結乾燥（フリーズドライ）が利用されている。真空凍結乾燥の原理は水の相図から理解できる（図4.7.2）。水（液体）および氷（結晶）が水蒸気（気体）になる条件は温度と圧力とで決まる。大気圧（760mmHg）では氷は0℃で水になり，水は100℃で沸騰するが，三重点以下の圧力（4.58mmHg）では氷が水を介さず水蒸気になる。したがって，凍結した食品を減圧下に置くことで乾燥が進行する。この間，食品は常に低温に維持されるだけでなく，食品内部での物質移動に伴う揮発性成分の離散も妨げられるため，加熱乾燥よりも高品質な乾燥食品が製造できる。

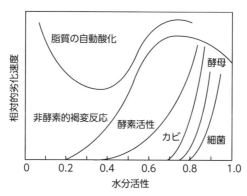

図4.7.1　食品の各種劣化反応速度と水分活性との関係

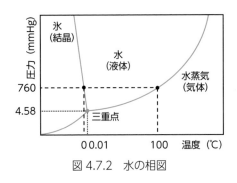

図 4.7.2　水の相図

生産コストの問題から凍結乾燥の産業利用は限定的であったが，様々な創意工夫の結果[3]，近年ではインスタントコーヒーや卵スープなど様々な食品に利用されている。

■冷凍

　食品の温度を低下させると，構成分子の運動速度が低下するため，劣化速度も低下する。したがって，温度が低いほど保存性は高まるが，低温を維持するにはコストを要するため，現実的には目的とする保存期間に合った適切な温度で保存することが求められる。冷凍食品の保存期間と温度との間は TTT（Time-Temperature-Tolerance：保存期間および温度と品質耐性）と呼ばれる関係に基づき整理される。すなわち，「食品を○○℃で保存したとき，○○期間までは許容できる品質を維持している」という考え方である。1960 年代にアメリカで行われた大規模な実験結果によると，冷凍食品の品質許容条件は「−18℃で 1 年間」とされる。これを根拠として，冷凍食品は −18℃以下での保存および流通が国際的に推奨されている。

　水が結晶化（凍結）することで，食品の組織や成分は一定の損傷を被る。これを軽減するには，急速凍結によって氷結晶の肥大化を抑えることが重要である。図 4.7.3 に食品の代表的な凍結曲線（食品の温度 vs. 冷却時間）を示す。室温にある食品を冷却（緩慢凍結）していくと，0℃以下のある温度で水が結晶化し，温度が上昇する。これは，水が結晶化する際に凍結潜熱を放出（発熱）するためである。その後しばらく温度が低下しない期間が続くのは，温度低下のために取り除かれるべき熱量が，凍結潜熱によって打ち消されるためである。この温度帯は，氷結晶の肥大化が起こりやすいことから，最大氷結晶生成温度

4

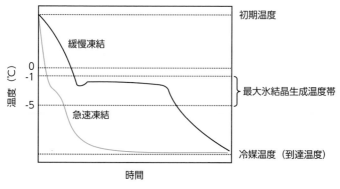

図 4.7.3 食品の代表的な凍結曲線

帯と呼ばれている[4]。高品質な冷凍食品を得るには急速凍結によって最大氷結晶生成温度帯を素早く通過することが重要である。凍結速度は，冷媒温度を低くする，伝熱面積を増やす，食品の表面から中心までの距離を短くする，熱伝達係数を高めることなどによって高めることができる。

■封蔵

瓶詰め，缶詰め，レトルト食品などを封蔵食品という。脱気した状態で食品を耐熱性容器に密封し，容器ごと加熱殺菌することで，長期保存が可能になる。封蔵はナポレオンの要請によって開発された技術といわれており，ナポレオンは軍隊の士気を高めるには高品質な食事が不可欠であることを認識していたと考えられている[5]。封蔵は乾燥および冷凍とは異なり，水分を含んだ食品を常温で長期間保存できる利点がある。しかし，食品によっては劣化要因となる化学反応や物理変化が進行するため，様々な品質安定剤の利用が検討されている。また，加熱殺菌による食品成分の熱的損傷が問題視されることがある。この問題を解決するため，一部の食品や飲料に対しては，無菌充填（高温短時間殺菌した食品や除菌フィルターを通した飲料などを殺菌済み容器に無菌環境下で充填，密封する操作）が行われている。

■その他

先述の技術（乾燥，冷凍，封蔵）と比べると保存性は劣るが，食品に塩や砂糖を加えることで保存性を向上させることができる。これは塩蔵および糖蔵と

呼ばれるものであり，保存性が向上するのは食品中の溶質濃度が高くなることで a_w が低下（自由水量が低下）するためである。また，食品に酢を加えても保存性が向上する。これは食品の pH を低下させることで微生物の繁殖を抑えることができるためである。食品の初期菌数を低下させることで，腐敗するまでの期間を伸ばすことができる。加熱殺菌は食品成分に熱的損傷を与えるため，様々な非加熱殺菌技術（紫外線，パルス電界，高静水圧，化学薬剤など）が利用，あるいは検討されている[6]。

■おわりに

食品には「品質を維持しつつ保存性を高める」ための加工技術が詰め込まれており，その技術は現在も発展し続けている。毎日安全な食品を得ることが可能な今の日本では，食品の加工および保存技術の重要性を認識する機会は少ないかもしれない。しかし，その背景を理解することで，食に対する見方・接し方も変化するであろう。食の恵みとそれを我々の手元においしく届けてくれる加工および保存技術に感謝して，無駄なく大切に味わいたいものである。

（川井清司）

参考図書・文献

1）岩田和佳，佐野洋：『光琳選書6 食品と水』（久保田昌治，石谷孝佑，佐野洋 編），pp. 205-215, 光琳（2008）
2）矢野俊正：『食品工学・生物化学工学』，pp. 34-43, 丸善出版（1999）
3）川井清司：冷凍，94, 693-698（2019）
4）渡辺学：『新版 食品冷凍技術』（鈴木徹ほか 編），pp. 33-47, 社団法人日本冷凍空調学会（2009）
5）宮崎正勝：『知っておきたい「食」の世界史』，pp. 185-192, 角川学芸出版（2006）
6）土戸哲明ほか：『食品工学ハンドブック』（松野隆一ほか 編），pp. 387-432, 朝倉書店（2006）

4.8　食品の製造を支える管理手法

　食品の製造現場では，多様な形態の食品が，毎日大量に生産されている。これらの食品を消費者に安全かつ確実に届けるためには，工場内での日々の安全衛生管理や品質管理が極めて重要な管理要点になる。食品製造に限っても，複数の国際的な管理基準や管理手法が存在する。しかし，1つの管理基準・管理手法のみで食品製造に関する種々工程を管理することは，管理の確実性の面で不十分である。そこで，食品の製造現場では，複数の管理基準や管理手法をあわせて実施している（図4.8.1）。本節では，食品産業で用いられている代表的な管理基準・管理手法を紹介する。

GMP（Good Manufacturing Practice：適正製造基準）

　原料の受け入れから製品の出荷までの過程で，製品が安全で一定の品質を保たれるように定められたシステムのことをいう。施設構造，機械設備，原料の保管・流通，製造・加工工程，品質管理，工程管理，包装，最終製品の品質検査・保管，従業員の衛生管理等が対象となる。これらが標準化され，基準を満たしていることが求められる。HACCP導入の前提条件ともなる一般的な衛生管理要件である。

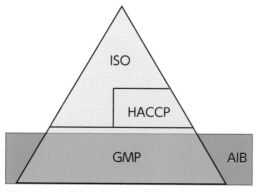

図4.8.1　食品安全衛生に関係する管理基準の役割

■ISO（International Organization for Standardization：国際標準化機構）による規格

ISO9001 は国際標準化機構が発行した「品質保証を含んだ，顧客満足の向上を目指すための規格」である。品質方針と品質目標を設定し，その目標を達成するための「仕組み」を作ることを求めている。ISO9001 が要求している主な事項は，Plan（目標・計画）・Do（実行・運用）・Check（点検・検証）・Action（見直し）といった PDCA サイクルによる運用（継続的），手順化・文書化・記録化，および監査を求めている。製造業に限らず，サービス業にも広く普及している。

ISO14001 は国際標準化機構が発行した「組織の活動・製品およびサービスによって生じる環境への影響」について持続的に改善するためのシステム規格である。環境に関する方針や目標を自らが設定し，その達成に向けて取り組み，そのための体制と手続きを作ることを求めている。

ISO22000 は国際標準化機構が発行した「食品安全マネジメントシステム」の規格である。安全な食品を流通・販売するために HACCP の手法を用いた衛生管理を求めている。規格は ISO9001 とほぼ同様な構成となっており，前提条件プログラム（PRP）と HACCP による食品安全の実施方法を規定している。

前提条件プログラム（Prerequisite Programs：PP）は，HACCP を運用するための基盤となるプログラムである。食品の安全を実現する衛生環境の基本条件であり，GMP と SSOP（Sanitation Standard Operating Procedures：衛生標準作業手順と訳され，GMP に定められている管理項目を具体的な作業手順として規定したマニュアルを指す）を含んだ手順である。

また，OPRP（Operational Prerequisite Programs：オペレーション前提条件プログラム）は ISO22000 によって新しく設定された概念であり，重要な PP（PRP）という位置付けである。ハザード分析の結果に基づき，PRP の中でも特にハザードの低減ができ，モニタリングおよび逸脱の際の是正が可能であるものを対象としている。

■HACCP（Hazard Analysis Critical Control Point：危害度分析重要管理点方式）

NASA（米国航空宇宙局）で開発された食品の安全性を高次元で管理するための総合的な衛生管理システムである。原料受入から出荷までのすべての工程において起こりうる潜在的な危害を分析し（HA），それぞれの危害に対する管理方法・予防方法を決め，その中から最も重要な管理点を決め（CCP），そこを徹底的に管理することで食品への危害を予防的に防ぐ方法である。

■AIB（American Institute of Baking：米国製パン研究所）による国際検査統合基準

AIB は 1919 年に米国で創立された製パン・製粉技術者の育成のための機関である。一般衛生管理プログラムの内容，実施状況を監査指導する公的機関がないことから，AIB がその役割を担っている。

AIB 食品安全監査システムは，消費者の食品に対する安心・安全への要求に応え，ISO や HACCP の不足を補う目的で活用されている。たとえば，ISO9001 取得では，文書やシステム構築が主体であり，日々の工場での生産活動との結び付きが弱い問題がある。一方，AIB は現場主体のシステムであり，ISO9001 の不足分を補完するはたらきがある。また HACCP では，ベースである一般衛生管理が軽視される傾向がある。また，昆虫，毛髪などは HACCP では対象としてないため，異物の製品への混入を防ぐ高度な一般衛生管理の確立が必要とされている。AIB のシステムは，安全な食品を製造するためにとらなければならない行為のガイドラインである GMP を重視した食品安全管理システムになっている。このシステムは，60 年以上の活動実績があり諸外国ではこのシステムの有効性が認知され食品工場のみならず，流通倉庫や包装資材製造施設を含む原材料供給業者などの幅広い業種で活用されている。

AIB 食品安全監査システムは，米国の適正製造基準（GMP）に基づいて作成された「食品安全統合基準」をもとに，食品の製造施設の検査を実施し，基準が守られているかを評価するとともに，その施設の食品安全プログラムの向上を支援するシステムである。「1. 作業方法と従業員規範」，「2. 食品安全のためのメンテナンス」，「3. 清掃活動」，「4. IPM（総合的有害生物管理）」，「5. 前提条件と食品安全衛生プログラムの妥当性」の 5 つの統合基準に則って監

査を行う。採点方法は，指摘事項を各カテゴリーに分類し，ランク付けにより最も危険度が高い指摘について採点・ランク付けを行うため，量より質の評価になる。各統合基準は 200 点満点で採点され，以下のように評価される。

- ・不充分（Unsatisfactory，135 点以下）：差し迫った食品安全上の危害，プログラムの不履行または，適正製造基準（GMP）からの逸脱がある。
- ・重大（Serious，140 〜 155 点）：重大な食品安全上の危害，またはプログラムの不履行につながる危害がある。
- ・要改善（Improvement Needed，160 〜 175 点）：潜在的な危害。部分的なプログラムの欠落，もしくは本基準に合致しない食品安全上の所見。この危害，欠落，所見が改善されない場合，プログラムの不履行に至る可能性がある。
- ・小要改善（Minor Issues Noted，180 〜 195 点）：汚染の可能性はないが，改善の余地はある。
- ・改善の必要なし（No Issues Noted，200 点）：危害は見出せない。

さらに，総合スコアは各カテゴリーに割り当てられたカテゴリースコア（点数）を合計したもので示される。

AIB 食品安全監査システムは，「異物混入事故の防止と低減」，「HACCP の基礎構築と強化」，「会社組織全体の意識強化」，「従業員の意識改革促進」，「自主検査の効率化」，「顧客満足の達成」，「流通・供給元の管理と信用」などを目的として幅広く活用されている。GMP と HACCP を基本として，ISO と AIB の両輪があって良い管理システムとして成り立つ。

（羽倉義雄）

参考図書・文献

1）渡邊悦生，加藤登，大熊廣一，濱田奈保子：『基礎から学ぶ食品科学』，成山堂書店（2010）
2）四日洋和，安達修二，古田武：『学ぼう！食品の科学と技術：食品をつくる基礎知識』，Mars（2017）

4.9　食料の需給動向と流通

■食料自給率とその変化

　食料自給率とは，その国の食料供給に対する国内生産の割合を表す指標である[1]。我が国の供給熱量ベース総合食料自給率は，1965年に73％であったのが1998年に40％にまで低下し，2017年には37％となった。これをユーラシア大陸の西側に位置する同じ島国イギリスと比較してみると，同国の供給熱量ベース総合食料自給率は1965年に45％であったのが1996年には78％まで上昇した。その後は漸減し，2017年は68％であった。イギリスにおける食料自給率向上の最大の要因は，1973年に加盟したEUの農業政策にあるとされている。EU共通農業政策は，域内生産による安定的な食料供給を目標に掲げ，耕種部門（crop farming）における作物間の収益性バランスに配慮した価格支持政策を展開した。そのことで，イギリスを含むEU諸国は，食用農畜産物および加工原料も含めた農産物総体の生産力と域内自給力を高めた[2]。

　一方，我が国の食料自給率低下の要因は，主に食生活の変化に伴う国民の食料需要の変化にあるとされている。しかし，この食生活の変化は輸入農産物の供給が前提であり，その背景には，農村部門の潜在的余剰人口を重化学工業部門の労働力供給源と位置付けた高度経済成長期の日本政府の経済政策があった。

■食生活の変化

　図4.9.1は，供給熱量ベースの品目別食料自給率を1965年，2000年，2018年で比較したものである。この図から，自給率の高い米の消費減の一方で，自給率の低い小麦や油脂，そして飼料を輸入に頼る畜産物の消費増が読み取れる。また，自給率が高かった野菜・果実や魚介類の自給率が低下した。2000年以降の主な変化は，国産畜産物に占める輸入飼料の割合が低下したことである。

　これらの変化であるが，主食ではパンの消費増と米の相対的地位低下が背景にある。2010年の家計調査結果は衝撃を与えた。この年に初めて，1世帯あたりのパンへの支出が米を上回ったのである。2018年の1世帯あたり年平均1

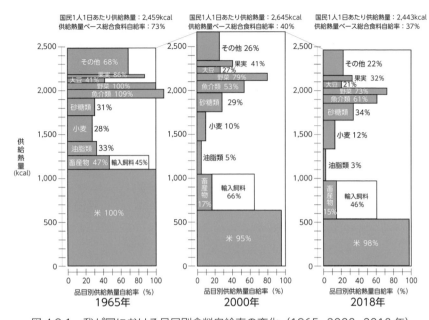

図 4.9.1　我が国における品目別食料自給率の変化（1965・2000・2018 年）

資料：農林水産省「食料・農業・農村白書」（平成 13 年度，令和元年度）をもとに
　　　筆者作成。

注：国産畜産物の供給熱量のうち，輸入飼料分は食料自給率には含まれない。

カ月の支出（総世帯）は，米が 19,374 円に対してパンが 25,213 円となった。
その他の変化については，食肉の消費増と魚介類の相対的地位低下，加工食品
需要増に伴う野菜供給における海外依存拡大や果実消費の多様化などが背景に
ある。

　これらは，食生活の変化と大きく関係している。現代の食生活は，内食，外
食と中食という 3 つの領域から構成されている[3]。内食とは，家庭内で調理さ
れたものをその家族が食する行為をいう。外食とは，飲食店など外食施設を利
用する食事行為をいう。学校給食，学生・社員食堂，宿泊施設や老人ホームな
どでの食事も外食に相当する。中食とは，調理済み食品（でき合いの弁当や惣
菜など）で一食を済ませる行為をいう。また，内食は食事に関する一連の作業
が家庭内成員の労働に依存しているが，外食および中食はその作業を第三者（家
庭の外部）に依存していることから，食の外部化と呼ばれる。家計調査による
と，食費（飲料・酒類，菓子類を除く）に占める各領域の割合は，1965 年で

は内食が92％（中食も含まれる），外食が8％であったが，2018年には内食60％，外食24％，中食16％となった。食の外部化が進行していることがわかる。

食の外部化は，社会の変化に伴う核家族化や単身世帯の増加など，世帯の僅少員化とともに進行している。内食では，調理労働が家庭内で内製化されるため対価支出が発生せず，世帯員数の多い世帯にとっては経済的に優位である。しかし，僅少員世帯では調理労働に割く人員が確保できず，内食の経済的優位性が確保できないため，食の外部化が進行する。また，内食の領域であっても，冷凍食品やインスタント食品など加工食品の割合が高まっており，食の簡便化が進んでいる。これら食事形態の変化は，食料品の製造・販売において低価格でも企業の利益を確保できるように，原材料費を抑えるための安価な輸入食材への需要増につながっている[4]。

■農畜水産物の流通

ここでは，我が国における主な農畜水産物の生産者から消費者までの過程について概観する。図4.9.2は，米，青果物（野菜と果実），水産物および食肉（主に牛肉と豚肉）における国産品の主な流通経路を示している[5]。

第1の米であるが，米流通は1995年に施行された「主要食糧の需給および価格の安定に関する法律（食糧法）」のもとでほぼ自由化された。この法律が

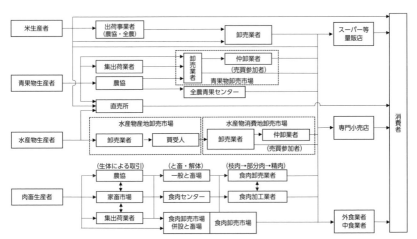

図 4.9.2　我が国における主な国産農畜水産物の流通経路

資料：日本農業市場学会（2019）をもとに筆者作成。

施行される前は，1943年に施行された食糧管理法の下で，我が国の米流通は全量が政府によって管理されていた。米流通が自由化された最大の要因は，1995年の世界貿易機関（WTO）設立と日本の加盟である。自由貿易を原則とするWTOでは，米の価格決定や流通に対する政府の直接介入は「自由貿易を阻害する」として許されなかった。米の国内生産量は，ピーク時の1966年に1,455万tであったのが，2018年には821万tにまで減少した。

　第2の青果物であるが，青果物流通は，卸売市場法（1971年施行）に基づいて設置された卸売市場が主要なチャネルとなっている。卸売市場とは，生鮮食料品の卸売のために法律に基づいて開設された市場であり，最終消費者に販売する小売市場ではない。2017年における青果物の卸売市場経由率は55%であるが，国産青果物に限ると79%である。青果物の場合，卸売市場流通の展開過程は，農業協同組合における共同販売の進展と密接に関係している。国内生産の状況であるが，野菜の国内生産量は，ピーク時の1986年に1,689万tであったのが，2018年には1,131万tとなった。また，果実の国内生産量は，ピーク時の1979年に685万tであったのが，2018年には283万tにまで減少した。

　第3の水産物であるが，2017年の卸売市場経由率は49%である。水産物の卸売市場流通は，生産者（漁家）が水揚げしてすぐ卸売業者（主に漁業協同組合）を通じて販売する産地卸売市場と，産地卸売市場に入場する出荷業者など全国の荷主から消費地に出荷された水産物を販売する消費地卸売市場とに機能分化している。水産物の国内生産量は，ピーク時の1984年に1,221万tであったのが，2018年には392万tにまで減少した。

　第4の食肉（主に牛肉・豚肉）であるが，肉畜生産者によって生産された食肉が最終消費者に届けられるまでには，と畜・解体（頭，四肢，皮などが取り除かれ，背骨に沿って縦に2分割された枝肉に処理），部分肉加工（骨，余分な脂肪，腎臓などが取り除かれ，部位ごとにカットして部分肉に処理），精肉加工（用途によってカットやスライスして精肉に処理）といった大きく3つの過程を経る。流通経路も，このような形態変化を前提に構成されている。食肉の国内生産量は，ピーク時の1987年に353万t（うち牛肉56万t，豚肉156万t）であったのが，2018年には337万t（うち牛肉48万t，豚肉128万t）となった。

（細野賢治）

参考図書・文献

1）農林水産省：令和元年度 食料・農業・農村の動向，pp. 435（2020）

2）村田武ほか：『シリーズ地域の再生4　食料主権のグランドデザイン―自由貿易に抗する日本と世界の新たな潮流―』，pp. 270，農山漁村文化協会（2011）

3）日本フードスペシャリスト協会 編：『四訂 食品の消費と流通』，pp. 168，建帛社（2021）

4）藤田武弘ほか：『現代の食料・農業・農村を考える』，pp. 281，ミネルヴァ書房（2018）

5）日本農業市場学会 編：『農産物・食品の市場と流通』，pp. 243，筑波書房（2019）

4

食の科学と利用

4.10 農業・食料を取り巻く新たな動き

■農業・食料をめぐる動き

　人間が生きていくために欠かせない食料（食品）の供給は，農作物の生産，それらの加工，流通，飲食サービスなどによって支えられ，関連産業が連携してフードシステムを構築している。この一連の流れをフードチェーンと呼ぶ。この流れは，川に例えられ，川上の農林業・畜産業・漁業を始めとし，川中の食品製造業（食品工業）や食品流通業，川下の食品小売業や外食産業（フードサービスを含む）などを経て，最終消費者（海あるいは湖）までが領域とされている。今日では，情報の流れやリサイクルを考慮に入れて，川上から川下への一方的な流れではなく，循環的なものととらえることが必要となっている[1]。なお，農業生産に必要な種子・種苗や農業機械などの生産資材を供給する産業（農業資材産業）は，農林水産業よりも川上にあり，これら資材産業，農業サー

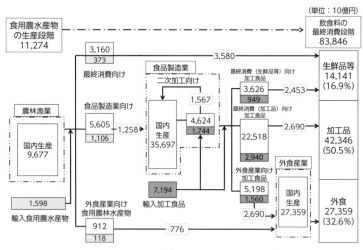

図 4.10.1　飲食費のフロー（2015 年）

資料：農林水産省（2020）をもとに筆者作成。
注：1　□□□内は，各々の流通段階で発生する流通経費（商業マージンおよび運賃）である。
　　2　□□□は，食用農林水産物の輸入，■■■は加工食品の輸入を表している。

ビス業，農林水産業，食品産業，外食産業などを含めた産業としての農業を，農業関連産業（アグリビジネス）と呼ぶ[2]。

　ここでは，フードシステムを構成する産業活動についてみてみよう。図4.10.1は，産業連関表をもとにした飲食費のフローである[3]。食用農水産物の生産段階では国内生産9.7兆円，輸入1.6兆円を合わせた11.3兆円の規模となっている。これらの食材が最終消費者に至るまでに，流通業，食品製造業，外食産業により，流通マージン，加工賃，サービス料などが付加され，飲食料の最終消費額は83.9兆円となり，生産から消費に至るまでに約8倍に規模が拡大している。その内訳は，生鮮品等は16.9%，加工品は50.5%，外食は32.6%となっており，加工品や外食の割合が高く，近年では特に，加工品における調理食品や中食（弁当・惣菜など）が著しい伸びを示している。

■農業・食料におけるフードバリューチェーン

　こうした食料は，生産されてから我々消費者の手元（食卓）に届くまでの間に，様々な価値が付加（付加価値）されるとともに，生産費（コスト）も発生している。たとえば，カット野菜を見てみると，加工の段階では，消費者が水洗いなどの手間なく食べることができる価値が付加されている。その一方で，野菜をカットするのに伴う費用が発生している。流通の段階では，スーパーなどで消費者が商品を購入できる付加価値とともに，運送費などの経費が掛かることとなる。このように，食品の供給過程においては，様々な業種が分業した形態でバリューチェーンを構築しており，生産から製造・加工，流通，消費に至る各段階の付加価値を繋ぐ流れをフードバリューチェーンと呼ぶ。フードチェーン全体でみれば，先に示したような巨大な市場が存在しており，農業者にとっては規模拡大や生産以外の事業への展開，ビジネスチャンスが広がっている。

　図4.10.2は，農業・食料生産を取り巻く諸問題とフードバリューチェーンの流れを示したものである。国内農業では，高齢化や後継者不足などによる就業人口の激減，人口減少に伴う国内市場の縮小，気候変動や災害リスクへの対応など，生産基盤が脆弱化している。一方，世界の動向に目を向けると，人口増加や気候変動などによる食料需給のひっ迫が懸念されている。そうしたなか，フードチェーン全体で付加価値を創出するための方策の1つとして，ICT（情報通信技術）を活用した取り組みへの期待が高まっている。川上においては，

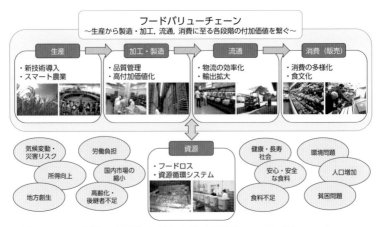

図 4.10.2　農業・食料生産を取り巻く問題とフードバリューチェーン

ゲノム編集技術を用いた新たな育種技術の導入や省力化・軽労化，精密化・情報化などの視点からロボット技術やAI（人工知能）などを駆使した農業生産（スマート農業）が行われている。川中である流通・加工の段階では，在庫管理・品質管理や市場動向や需要の予測などが，川下の段階では農産物や食品の生産履歴や安全性などの商品情報へのアクセスや最適な集荷・発送ルートの選定などの取り組みが行われている。近年では，生産者が現場で本当に必要な技術を農家目線で研究開発・実用化を試みるマーケットイン型の取り組みが行われつつある。ここでは，農業機械メーカーやITベンダー，研究機関などとの連携によるクラスターが形成され，イノベーションの創出が図られている。

　一方，フードチェーンが抱えている課題としては，たとえば川上での規格外品や不適切な保存管理による劣化・腐敗などの食品ロス，川下では食べ残しや期限切れでの食料廃棄などのフードロス発生が挙げられる。国連は「持続可能な開発目標（SDGs）」において，フードロスの半減（目標12）の他，貧困と飢餓の撲滅（目標1・2），水資源の効率的活用（目標6），産業と技術革新（目標9）など農業と関連する目標を2030年までに達成することを掲げている。これらの目標を達成するためには，様々な資源を有効活用するための循環システムの構築が不可欠といえる。

■Society5.0が描く未来像

　我々の生活を取り巻く環境は現在，大きな変革期にある。図4.10.3に示すよ

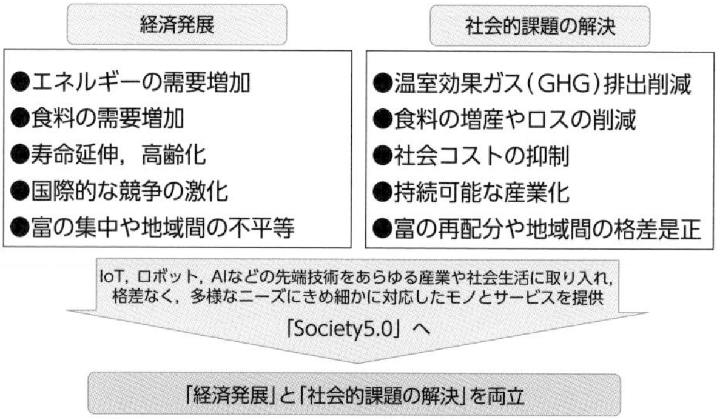

4

経済発展	社会的課題の解決
●エネルギーの需要増加	●温室効果ガス（GHG）排出削減
●食料の需要増加	●食料の増産やロスの削減
●寿命延伸，高齢化	●社会コストの抑制
●国際的な競争の激化	●持続可能な産業化
●富の集中や地域間の不平等	●富の再配分や地域間の格差是正

IoT, ロボット, AIなどの先端技術をあらゆる産業や社会生活に取り入れ，格差なく，多様なニーズにきめ細かに対応したモノやサービスを提供

「Society5.0」へ

「経済発展」と「社会的課題の解決」を両立

図 4.10.3　経済発展と社会的課題の解決を両立する Society5.0
資料：内閣府（2018）をもとに筆者作成。

うに，経済発展により生活は便利で豊かになり，エネルギーや食料の需要は増加し，寿命延伸，高齢化が進んでいる。また，経済のグローバル化の進展とともに国際競争が激化し，富の集中や地域間の不平等などが生じている。他方，解決すべき社会的課題として，温室効果ガス（GHG）排出の削減，食料の増産やロスの削減，持続可能な産業化の推進などへの対策が不可欠となっている。しかしながら，経済発展と社会的課題の解決を両立することは困難な状況である。そうしたなか，我が国が目指すべき未来社会の姿として掲げている社会構想が Society5.0 である。Society5.0 とは，「サイバー空間（仮想空間）とフィジカル空間（現実空間）を高度に融合させたシステムにより，経済発展と社会的課題の解決を両立する，人間中心の社会（Society）」である[4]。Society5.0 では，IoT（モノのインターネット）により，すべてのヒトとモノが繋がり，様々な知識や情報が共有され，ロボット技術，AI などの支援による地域経済の発展と社会的課題の解決を目指している[5]。なかでも農業・食品産業はデジタル技術との親和性が高く，Society5.0 が実現した姿を明確に体現しうる重要な産業である[6]。フードチェーンに関与する各主体が積極的に ICT などの技術を活用することで，コスト削減や付加価値向上を図ることが期待される。

（長命洋佑）

参考図書・文献

1）新山陽子：『フードシステムの未来へ 1　フードシステムの構造と調整』, pp. 370, 昭和堂（2020）

2）稲本志良ほか：『アグリビジネスと農業・農村』，pp. 295，放送大学教育振興会（2006）
3）農林水産省：平成 27 年（2015 年）農林漁業及び関連産業を中心とした産業連関表（飲食費のフローを含む。），https://www.maff.go.jp/j/tokei/kouhyou/sangyou_renkan_flow23/attach/pdf/index-1.pdf
4）内閣府：Society5.0，https://www8.cao.go.jp/cstp/society5_0/index.html
5）農業情報学会 編：『新スマート農業』，pp. 500，農林統計出版（2019）
6）日本経済団体連合会：農業 先端・成長産業化の未来—Society5.0 の実現に向けた施策—，https://www.keidanren.or.jp/policy/2018/074_honbun.pdf

索　引

ＳＤＧｓ 索 引

あらゆる場所のあらゆる形態の貧困を終わらせる

飢餓を終わらせ，食料安全保障及び栄養改善を実現し，持続可能な農業を促進する

あらゆる年齢のすべての人々の健康的な生活を確保し，福祉を促進する

4 質の高い教育をみんなに

すべての人への包摂的かつ公正な質の高い教育を確保し，生涯学習の機会を促進する

6 安全な水とトイレを世界中に

すべての人々の水と衛生の利用可能性と持続可能な管理を確保する

7 エネルギーをみんなにそしてクリーンに

すべての人々の，安価かつ信頼できる持続可能な近代的エネルギーへのアクセスを確保する

9 産業と技術革新の基盤をつくろう

強靭（レジリエント）なインフラ構築，包摂的かつ持続可能な産業化の促進及びイノベーションの推進を図る

包摂的で安全かつ強靭（レジリエント）で持続可能な都市及び人間居住を実現する

持続可能な生産消費形態を確保する

気候変動及びその影響を軽減するための緊急対策を講じる

持続可能な開発のために海洋・海洋資源を保全し，持続可能な形で利用する

15 陸の豊かさも守ろう　陸域生態系の保護，回復，持続可能な利用の推進，持続可能な森林の経営，砂漠化への対処，ならびに土地の劣化の阻止・回復及び生物多様性の損失を阻止する

本書で紹介した SDGs アイコン

https://www.un.org/sustainabledevelopment/

"The content of this publication has not been approved by the United Nations and does not reflect the views of the United Nations or its officials or Member States"

【監修者】

三本木至宏（さんぼんぎ よしひろ）

1991 年東京大学大学院農学系研究科修了。広島大学生物生産学部学部長，広島大学大学院統合生命科学研究科教授。農学博士。専門は，微生物学，蛋白質科学（特に多様な微生物のエネルギー代謝を担う蛋白質の構造と機能）。著書に，『生命・食・環境のサイエンス』（共著，共立出版，2011）などがある。

SDGs に向けた生物生産学入門	監修者	三本木至宏　　Ⓒ 2021
	発行者	南條光章
2021 年 11 月 30 日　初版 1 刷発行	発行所	**共立出版株式会社**

〒 112-0006
東京都文京区小日向 4-6-19
電話番号 03-3947-2511（代表）
振替口座 00110-2-57035
www.kyoritsu-pub.co.jp

印　刷　錦明印刷
製　本

一般社団法人
自然科学書協会
会員

検印廃止
NDC 460, 468, 498.5
ISBN 978-4-320-05831-6　Printed in Japan

■生物学・生物科学関連書

www.kyoritsu-pub.co.jp **共立出版**